大 太 平 洋

〔新西兰〕丽贝卡·坦斯利（Rebecca Tansley）／著　祝　茜　曾千慧／译

海洋出版社
广东经济出版社
2019 年·北京

译者序

翻译完此书，相当于重新认识了这浩瀚的太平洋。身在毗邻太平洋的国家，太平洋之于我们就像是熟悉的陌生人。沿海的居民伸手就可以触碰来自太平洋的海水和生活在海边天然沙滩和岩岸的潮间带生物。在人类的眼中，它们机敏又胆怯，每分每秒都在上演生与斗争的大戏。然而太平洋之广阔，之壮美，之神秘，之狂暴，仅仅站在海岸边翘首就想体验一番，那是完全不够的。这座包容一切的大洋从不主动告诉你，她有多么的奇妙莫测。如果你站在大洋的另一侧海岸，即使是在同一半球，同一纬度，在大洋的东侧，你会看到不一样的潮间带生物。它们与我们在西岸见到的潮间带生物十分相似，却仍有差别。倘若潜入水中，你可以看到海獭在海底的巨藻森林里穿梭自如，寻找美味可口的海胆，这是在西岸所看不到的景象；初春，数量可观的灰鲸群沿着海岸一同向北部洄游，那里有充足的底栖生物在等着它们大快朵颐，反观西岸灰鲸种群，如今已数量寥寥无几。

距离，让我们对太平洋的印象变得如此陌生，这种距离感是由太平洋的广袤引起的。若我们追寻到另一半球，那里还有更奇妙的景观在等着我们。颠倒的季节，孤立的岛屿，纷繁多样的生物……太平洋的容貌太过多变，置身在不同的地理位置犹如在完全不同的世界。

激情、贪婪、神秘、狂暴……这本书为我们讲述的一切，就发生在太平洋里。同样的繁衍后代的天性，不同的表现方式：无脊椎动物的繁育热情体现在惊人的后代数量上，而体型庞大的海洋哺乳动物的繁育热情则体现在对后代无私的抚育与关怀。面对诱人的猎物，捕食者无法抗拒，因为每一顿食物都意味着自我生命的延续。

人类一次又一次地探索太平洋深处的未知境域，它们既存在于海底深渊，也存在于岛屿密林，几乎没有哪里是人类到达不了的。只是慢慢地，人类自我发展的急切之情超越了对太平洋的关心。恐怖的核试验，阴魂不散的塑料垃圾，嘈杂的船只与海岸工程噪音，突如其来的生物入侵，人类在自我发展的过程中，无视自然之规律和其他生命的存在，这是极为可怕的！我们的研究对象——中华白海豚，因为人类活动而变得数量稀少。人的欲望

永无止境，我们填海造地，建起了座座高楼大厦和许多港口码头，海水养殖的规模无序而庞大，使白海豚和其他海洋生物永远丧失了自己美丽的家园！子非豚，安知豚之苦乐？我们保护海豚，不是因为我们确知海豚的痛苦，而是我们知道，一旦海豚的生存环境遭到破坏，作为海豚近亲的我们同样难逃厄运。如今有一部分人意识到了这一点，试图力挽狂澜，但若缺少共识与团结，人类对太平洋以及生存在这里的其他生命的彻底破坏仅是朝夕之事。到那时，太平洋为报复人类所展现的自然之力，会是怎样一种狂暴呢？我们无从知晓，然而世界上最难熬的事情就是等待未知。

自麦哲伦将这座大洋命名为"太平洋"至今，还不到500年整，但太平洋的景观已经改变许多。太平洋，她孕育无数生命，创造众多自然景观和人类文明。人类的船只在她的海面上行驶，显得那么的孤单寂寥，她善变的情绪却让远航的水手每天都在欣赏不同的风景。她慷慨地给予所有生命之所需，一视同仁，甚至人类的贪婪，令资源几近匮乏枯竭，而人类却无从回报，但至少应采用更温柔、更体贴、更具有前瞻性的索取方法。毕竟我们生活的这个世界，不只有人类自己。

曾经翻译过《伟大的海洋》，甘苦自知！总感觉翻译比写书都难！因为既要保持原著的风格，原汁原味，反复揣摩拿捏，消耗更多的脑细胞和体力，才能精准和流畅；同时更要考虑自己国家的文化传统，通俗易懂，传达原作的神韵。当接到《大太平洋》杨海萍编辑的电话，想预约翻译此书时，我犹豫再三，勉强答应先看

书再决定。当我真正接到《大太平洋》的PDF版时，竟然如饥似渴，一口气读完。《大太平洋》新颖之处在于：颠覆了传统的以物种、分布、习性等为主线的写作方式，而是采取每章选择一个主题，一个明星动物，以全球化的视角和多层次、多方面的叙事方式将全世界不同珍稀、濒危动物的故事有机地联系在一起。更重要的是：中国故事和中国元素在《大太平洋》的每一章都进行了很好的诠释。《大太平洋》很多珍贵、赏心悦目的插图，带有强烈的视觉冲击！《大太平洋》中的拍摄花絮则彰显了此部作品的来之不易。读完此书，心中豁然开朗，茅塞顿开。这其实是我们从事海洋生物保护学工作者一直想做的事情：故事原创，意在科普，图文并茂，老少皆宜。

每每打开此书，斟酌同一句话，都有不一样的感想与领悟。想必不少读者先前已经观看过中央电视台与新西兰自然历史公司（NHNZ）、美国公共广播电视台（PBS）、德国电视二台（ZDF）等机构联合摄制的5集大型自然类高清纪录片《大太平洋》，希望再次回顾《大太平洋》，各位读者能有新的收获。也希望每位读者在阅读之后，能将利用与保护海洋的理念传递给身边的每个人，家喻户晓，妇孺皆知！这也是翻译此书的目的。

本着严谨和忠于原著的态度，我们在翻译《大太平洋》的过程中，若遇不理解之处，就查阅资料，请教专家学者。

在此感谢各位给予我们的帮助和支持。虽竭尽全力，但难免有疏漏错误之处，敬请大家批评指正！

祝茜　曾千慧
2019年1月8日
山东大学（威海）

目录

浩瀚的太平洋

最深，最宽广，最巨大——太平洋具备了海洋最高级的一切特征。然而，没有一个词汇能真正涵盖它的浩瀚无垠、纷繁多样，或是表达它谱写给自然的纯粹诗歌，它也重新定义了海洋。

简单的事实可以描绘出它的物理特征。它的面积约有1.66亿平方千米（6 400万平方英里），覆盖了整个地球1/3的表面积以及地球水表面积的一半——比整个地球的陆地面积之和还要大。如此看来，不如说我们是太平洋星球的居民。

地球的最深处就隐藏在太平洋最黑暗的水域里，这里有将近11千米（7英里）深。仅是太平洋的平均深度——4 280米（14 040英尺）——这个数据已足够惊人。据估计，它的总水量体积超过7亿立方千米（1.68亿立方英里）。太平洋或许是我们所知的最接近无限的。

然而，太平洋确是有限的。一直以来，这里是被探索的前沿、被征服的空间、被掠夺的资源——它是无穷奇妙之处。

毫无疑问，在太平洋拥有现在这个称呼之前，它还有许多的名字。1520年，葡萄牙航海家斐迪南·麦哲伦将它命名为"太平洋"，这个名字掩盖了太平洋易怒的天性和狂暴的历史——即使在最平静的日子里，太平洋也绝非安宁的海洋。

激情、神秘、狂暴和贪婪，太平洋是世界上最大的舞台，上演着大自然无休止的节目。人类则在其中扮演着愈渐重要的角色。

海洋是超自然的存在和精彩的体现。它无非是爱和情感；它是"永恒的生命"。

——儒勒·凡尔纳

激情的太平洋

——对繁衍的永恒追求

对繁衍的永恒追求，使得目前太平洋的生物具有一系列惊人的、不同寻常的行为和适应力——所有这一切驱使着每个物种走向遥远的未来。

从敬畏和贪婪到战争和旅行的欲望——太平洋激发了人类曾经历过的每一种激情。只要我们生活在其中，它就一直是我们着迷的焦点，我们将继续沉迷其中并不断学习，直至未来。

也许它赋予生命的身体主动诉说着我们在它怀抱中的原始起源；或许我们与生俱来的本能需要我们去了解它在我们星球的地位；或者我们惊叹于它创造和维持着看似无穷无尽的生物的能力——包括我们自己。毫无疑问，不管我们出自何种原因而为之着迷，太平洋在我们的心中都占有一席之地。在这种激情的驱使下，我们探索它遥远的边疆，收获它慷慨的馈赠，并且深入地研究它的无数奥秘。

太平洋的魅力很大程度上源自于栖息在其中的生物。从分布于沿岸和浅海的哺乳动物、鸟类、鱼类和无脊椎动物，到繁衍生息于深海的神秘生物，这些动物都展现了它们自身对生命的非凡激情：伴侣间的坚贞不渝、父母对子女的无私奉献、全心投入却是命中注定地繁衍。在太平洋海域，所有这些激情都是生命中不可阻挡的一部分，每个物种都以自己的方式创造着每一天的奇迹——同时它们也是充满激情的自然力量的组成部分，那就是大太平洋。

左图：就物种间的相互关系而言，小丑鱼和被人们称为"小丑鱼家园"的海葵是最引人入胜的例子之一。

流浪者大白鲨

太平洋的朝圣者，大白鲨，是海洋动物中地理分布最广的物种之一，甚至横跨整个大洋盆地——在太平洋最北至阿拉斯加，最南至新西兰亚南极的岛屿。

然而，每年这些海洋漫游者大部分都会集群在瓜达卢佩（La Isla Guadalupe）周边的海域，这里距墨西哥西部海岸241千米（150英里）。春夏季，雄性大白鲨先行到达这里。雌性通常比雄性要大，它们到达的季节则为秋季。据说大白鲨的交配活动发生在晚秋，但目前没有任何目击证据。

怀孕的大白鲨，体内有多达十个发育中的胚胎，孕期需要一年甚至更长的时间。出生时，小鲨鱼体长大约1米（3—4英尺）。和父母一样，这些小鲨鱼随后就消失在深蓝色的大海中，或许它们通过超乎寻常的能力来感知地壳的磁场，从而找到在海洋中的征途。

右图：与大多数鱼类不同，大白鲨是温血动物，这意味着它们能将身体的部分体温保持在水温以上。这样能够让它们不仅在温带和热带海域，并且在亚温带海域都能生存下来。

右图：除了体型大小不同，大白鲨的雌雄个体在其他部分几乎没有任何显著差别，所以要区分它们的性别是个棘手的问题。然而，雄性大白鲨有一对"鳍脚"——左右各一，基本上相当于阴茎，在交配时，用于插入雌性体内。可以看到，这条雄性大白鲨的鳍脚位于腹鳍的左侧。在这面，可看到研究人员安装的信标。

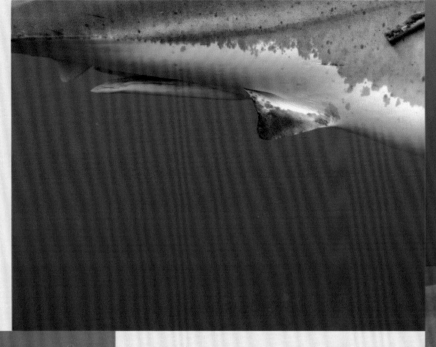

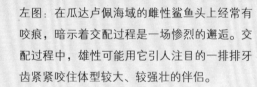

左图：在瓜达卢佩海域的雌性鲨鱼头上经常有咬痕，暗示着交配过程是一场惨烈的邂逅。交配过程中，雄性可能用它引人注目的一排排牙齿紧紧咬住体型较大、较强壮的伴侣。

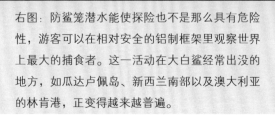

右图：防鲨笼潜水能使探险也不是那么具有危险性，游客可以在相对安全的铝制框架里观察世界上最大的捕食者。这一活动在大白鲨经常出没的地方，如瓜达卢佩岛、新西兰南部以及澳大利亚的林肯港，正变得越来越普遍。

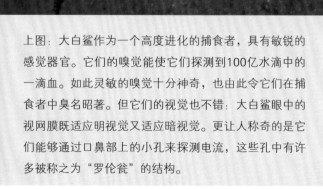

上图：大白鲨作为一个高度进化的捕食者，具有敏锐的感觉器官。它们的嗅觉能使它们探测到100亿水滴中的一滴血。如此灵敏的嗅觉十分神奇，也由此令它们在捕食者中臭名昭著。但它们的视觉也不错：大白鲨眼中的视网膜既适应明视觉又适应暗视觉。更让人称奇的是它们能够通过口鼻部上的小孔来探测电流，这些孔中有许多被称之为"罗伦瓮"的结构。

大白鲨

　　和许多陆地顶级捕食者一样，大白鲨的种群数量已显著下降。南非、美国加利福尼亚州和新西兰官方分别于1991年、1994年和2007年宣布这一物种为濒危保护动物。

海岸边的鳍脚类动物

在瓜达卢佩岛周围的海域生活着丰富的大白鲨的猎物。北象海豹和瓜达卢佩海狗都在这里繁殖，两者的幼崽，并未注意到来自离岸不远的潜在危险，这使它们很容易成为顶级捕食者的猎物。

北象海豹喜欢沿着岛屿的沙滩懒洋洋地躺着，而体型较小的海狗通常偏爱岩石海岸。成年个体必须出海捕食，而将幼崽留在浅水区嬉戏玩耍。这时幼崽最容易受到鲨鱼的攻击。

北象海豹在所有海豹中体型第二大，成年雌性个体体长可达3米（10英尺），体重600千克（1 300英磅），但庞大的成年雄性个体体长可达4米（13英尺）或者更长些，体重2 000多千克（5 000英磅）。

这些超大型的海洋哺乳动物很好地适应了晒日光浴的栖息地。事实上它们的鼻子像一个"双重呼吸器"，它们呼气时可以重新吸收水分，因此当它们在陆地时，可以最低程度地减少水分的流失。

右图：北象海豹在享受瓜达卢佩的日光。

左图：象海豹的胡须可以用来帮助探知猎物。

海狗和象海豹

在18世纪和19世纪，瓜达卢佩的海狗被猎杀得几近灭绝，经过保护，现在它们的数量已经得到了鼓舞人心的恢复。同样，在19世纪末，出于对北象海豹的油和脂肪的大量需求，人类将北象海豹过度捕杀，曾一度认为北象海豹灭绝了。然而，人们在瓜达卢佩岛发现了北象海豹的残余种群。1922年墨西哥政府实施了保护北象海豹的措施。得益于这一措施，现在北美大陆的每一头象海豹都是瓜达卢佩幸存者的后代。

右图：北象海豹隶属于海豹科，"无耳"海豹也被称为"真正的海豹"。作为在瓜达卢佩的北象海豹的邻居，瓜达卢佩海狗则不同，因为它们有着可见的耳廓。本页左下角的图片中可以看到左侧"无耳"的象海豹，右侧则可以清楚地看见海狗的耳廓。

地图标注：
墨西哥
夏威夷
巴布亚新几内亚
(H) 萨摩亚
澳大利亚
新西兰

产卵奇观

　　被月球周期的神秘力量所驱动，大量帕罗罗虫（绿矾沙蚕）开始产卵，导致每年许多太平洋岛屿出现独特的捕捞景观。在萨摩亚，捕捞帕罗罗虫是一项大家踊跃参加的公共活动。

　　萨摩亚位于夏威夷和新西兰之间，到二者的距离相等，是波利尼西亚众多岛屿的一部分。长期以来萨摩亚人一直依赖太平洋的资源，他们把富含蛋白质的帕罗罗虫当做大海额外馈赠的特殊礼物。

左图：在黎明到来之前，帕罗罗虫开始产卵。此时当地人出发前往海边，手举火把，捕捞这些大海的馈赠。

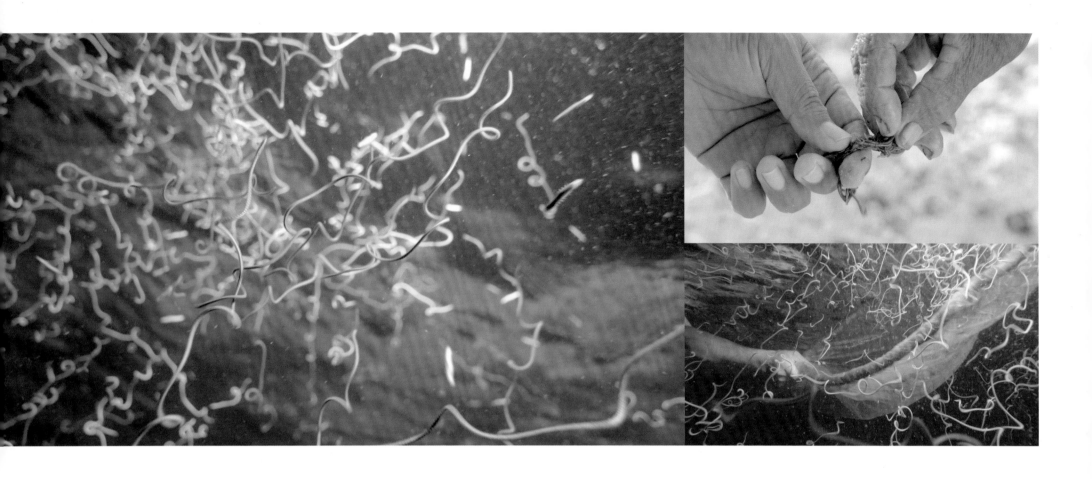

一年一度地，岛民们成群结队地涌向海边，待网、篮子和手电筒准备妥当，他们就涉入水中等待帕罗罗虫的到来。

从半夜到黎明，具体的时间取决于确切的位置，珊瑚礁中出现了第一批帕罗罗虫。不久它们在水中向上弯曲盘旋，犹如狂乱的活生生的涂鸦。

对于捕捞帕罗罗虫的萨摩亚和太平洋其他岛屿的人们来说，这一非同寻常的事件产生了一种传统的饮食疗法。然而，对于帕罗罗虫而言，这一事件的意义更大。

这些帕罗罗虫体长大约30厘米（12英寸），一生中的大部分时间埋在海底。一年一次，它们的身体发生巨变，长出一串长长的尾节，

上图：捕捞的"生殖体区"可以生吃，也可以和黄油一起炸或者和鸡蛋或洋葱一起煮着吃。

右图：一个观察者在独自等待帕罗罗虫的出现。

称为"生殖体区"，里面充满了卵子或精子。"生殖体区"颜色要么浅棕色（雄性）要么蓝绿色（雌性），也长有一个原始的、对光线敏感的眼，指引"生殖体区"来到海面。

受月相的某种刺激，所有在同一地区的帕罗罗虫几乎一齐释放它们的"生殖体区"。同步定时最大限度地保证了受精机会，制造了海洋里最大规模的产卵事件之一。

这么多的卵子和精子紧挨着排出，海洋变成了奶白色、胶质的汤。受精后，受精卵随海流漂离，孵化成幼虫。这时它们构成了海洋浮游生物量的一部分，但最终成熟的帕罗罗虫会定居在海底，又开始了奇迹般的神秘循环。

无处不在的小丑鱼

　　小丑鱼和其共生的海葵之间的关系是太平洋中最令人喜欢的伙伴关系之一。小丑鱼甚至被称为"海葵鱼"，它们与海葵这一无脊椎动物紧密地联系在一起。

　　小丑鱼有30个物种，每一种都有其醒目的斑纹。它们都栖息在为其庇护的珊瑚礁或潟湖的浅水区，并且同样彰显了对海葵的热情。它们一起凝练成一种关系，赋予了"相互依存"一词新的含义。

　　脊椎动物和无脊椎动物的关系相对简单。任何时候一只海葵最多可能容纳同一物种的12条小丑鱼，提供给它们一个用来产卵和躲避捕食者的安全的天堂。相应地，小丑鱼帮助海葵摆脱寄生虫，在海葵触手周围使海水流动循环，为海葵带来食物。

右图：小丑鱼居住在一个按等级划分的世界里，许多种海葵都可以是它们的家园。

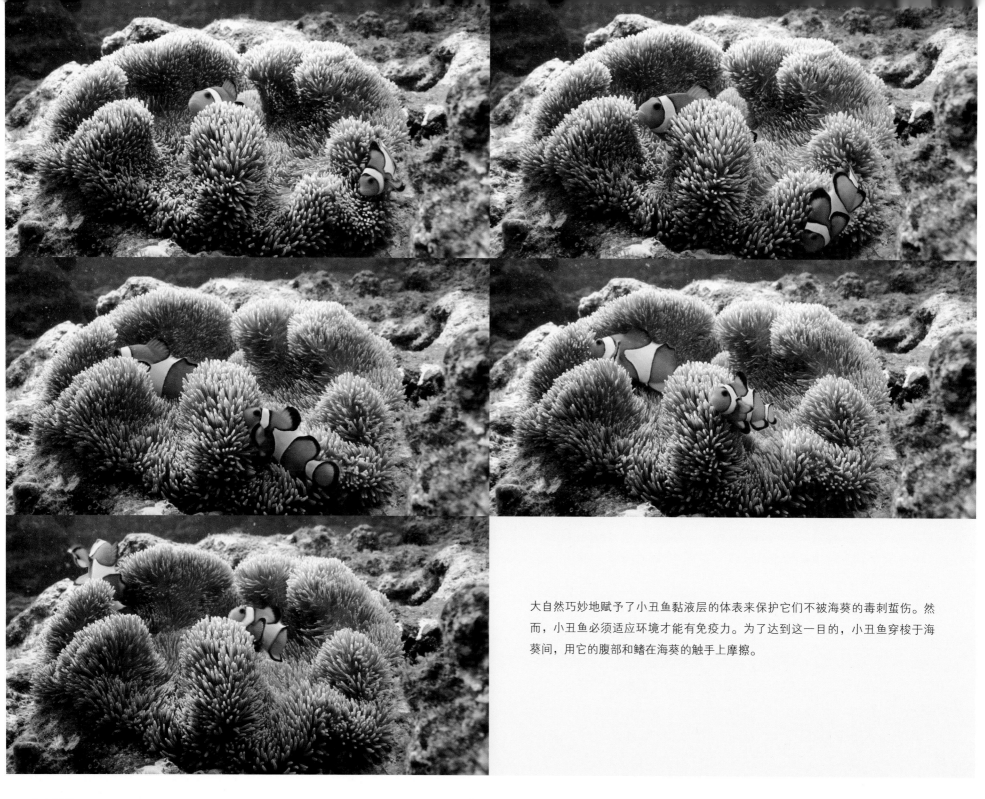

大自然巧妙地赋予了小丑鱼黏液层的体表来保护它们不被海葵的毒刺蜇伤。然而，小丑鱼必须适应环境才能有免疫力。为了达到这一目的，小丑鱼穿梭于海葵间，用它的腹部和鳍在海葵的触手上摩擦。

这看起来像一桩交易性的婚姻，但共生是牢不可破的，小丑鱼一旦离开海葵，或许就无法生存。因此，可以理解小丑鱼十分忠于领地，它们的寿命可达十年，其间它们从不远离自己的"家园"。

自然界有一奇怪的现象，所有的小丑鱼出生时都是雄性，只有种群中最强壮的一条才能发育成雌性。新生雌性拥有所有的生育权，在她的统治下的所有成员都遵守着严格的等级制度。只有一条鱼被"女王"选中并能与她交配，剩下的所有小丑鱼都不能繁殖。

人们至今仍然无法知晓，最强势的这对鱼如何掌控剩下的所有成员。

雌性小丑鱼大约每两周产一次卵，每次产下数百个卵。接着由受宠的雄性小丑鱼给卵受精，并忠心耿耿地昼夜不停地守护着它们，不断地用鳍扇动着它们。十天后卵孵化出来，变成仔鱼后漂到海面。长成稚鱼时，它们会嗅着出生时印记的海葵气味，返回珊瑚礁。

上图：在海葵触手的庇护下，一条雄性小丑鱼正在为一堆受精卵搅动着海水，让卵充分接触氧气同时为海葵带来了新鲜食物。

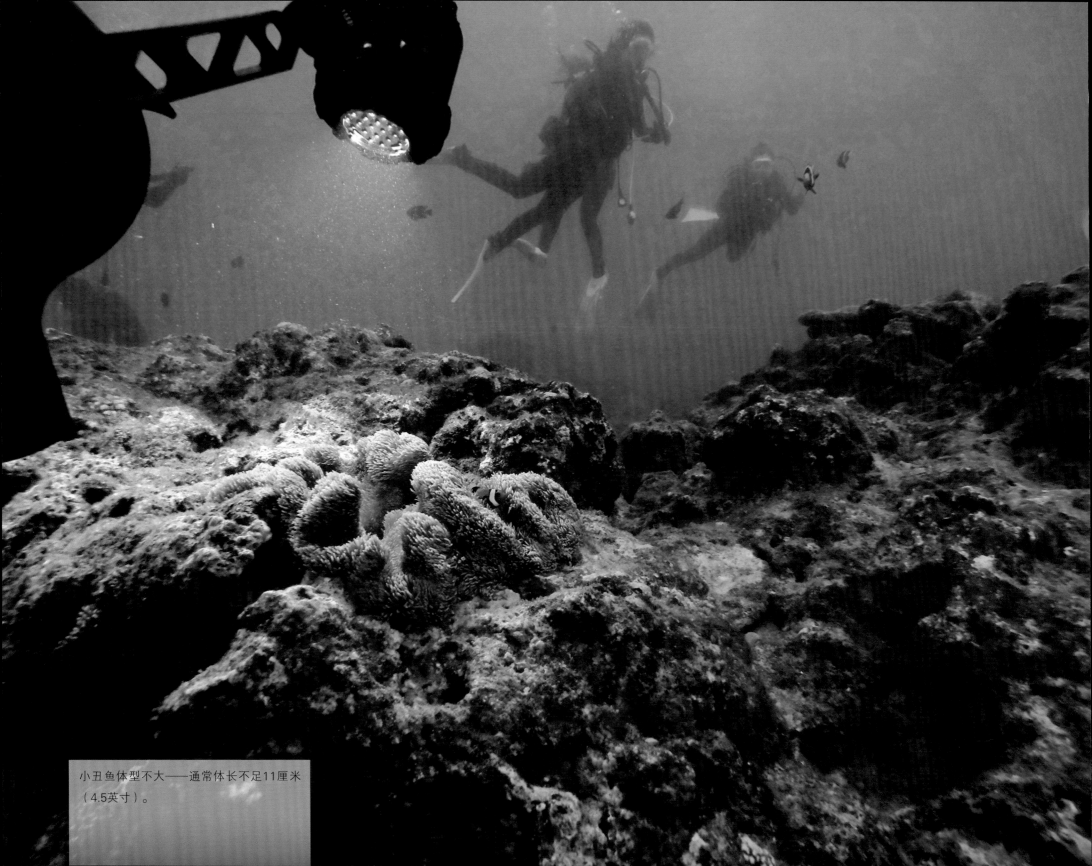

小丑鱼体型不大——通常体长不足11厘米（4.5英寸）。

黄眼企鹅的家务事

黄眼企鹅是世界上最稀有的企鹅之一。既依靠陆地，也需要海洋，这对于企鹅来说非同寻常——不同于大多数企鹅集群繁殖的特性，黄眼企鹅选择成对地在温带的沿海森林、灌木丛和峭壁上繁殖。

黄眼企鹅是模范父母。它们一生只有一名伴侣，同居时一起用细枝、草和树叶搭造浅巢，这些浅巢往往位于缠结的树根里。雌企鹅通常产两枚卵，雌雄企鹅轮流孵化最多达51天。这种分工直到幼鸟被孵化而出后仍然持续进行着，当父母一方返回海里捕食时另外一方则留守照看幼鸟。尽管父母倾心付出，但由于捕食者、疾病和人类的干扰，只有18%的幼鸟能活过第一年。

它们看似视觉敏锐，但它们的视觉适应了水下生活，因此在陆地上是近视眼。黄眼企鹅可能离开陆地，到离岸25千米（15英里）远的海中捕食，并潜入120米（400英尺）深的水中搜寻中小型的鱼、鱿鱼和甲壳动物为食。

一只黄眼企鹅返回鸟巢接替另外一只企鹅的照料任务，便迫不及待地"咳出"食物喂食嗷嗷待哺的幼鸟。

黄眼企鹅的栖息地位于"咆哮
西风带"——南纬40°以内的海
洋，这里的海洋面积大，没有陆
地干扰，容易形成强风。黄眼企
鹅在返回岸边时经常遇到浪大流
急的海，随后需要行走一段漫长
的内陆岩石路，然后穿越草地和
森林，最后才能到达它们的鸟巢
所在地。

黄眼企鹅

　　黄眼企鹅曾广泛分布于新西兰太平洋海岸的大部分区域，后来由于人类引进了令它们毫无防备的食肉动物，加之栖息地丧失和人类干扰的严重影响，黄眼企鹅的种群遭到了破坏。如今，只有新西兰东南面遥远的荒野地区才能为这种濒危鸟类在陆地上继续生存带来一丝希望。要保证它们的生存，人类需要根除宠物如野猫、雪貂和白鼬，还要控制人类活动对它们的影响。

上图：像蛇一样，狼鳗通过摆动身体呈深度的S形在水中游动，它们大大的头和凶神恶煞的嘴使其看起来有些吓人，事实上它们只有对同类才争强好斗。

加拿大

Ⓗ 温哥华

美国

海洋中的一夫一妻制

在不列颠哥伦比亚海岸的绿色水下，一个物种正为维持长期的关系设置防止外界干扰的屏障。狼鳗（睛斑鳗狼鱼）——实际上是鳚鱼的一种，而非真正的鳗鱼——和它自己选择的伴侣厮守终生。

这里是太平洋的东北部，年平均水温10°C左右（48—50°F）。冷水富含氧气，让整个食物链都得以提升，产生了较大型但生长较缓慢的生物。狼鳗毫无例外地遵循这个法则：它可以长到2.5米

上图：作为一个极力呵护后代的母亲，雌性狼鳗把卵弄成球形，随后，由雄性狼鳗盘绕在她周围并将其搂入怀抱进行保护。

（8英尺）长，体重达40千克（88磅），寿命可达30多岁，它的大部分时间和同伴一起隐藏在岩石缝里。

大约7岁时雌性狼鳗和自己选择的伴侣安居下来，它们可以一次产下1万个卵。一旦孵出，狼鳗的仔鱼就会离开父母的巢穴随着海流一起漂流。狼鳗稚鱼早期生活在外海的中层海域，但当它们性成熟时就来到浅水区。最终它们会找到自己的配偶和巢穴，在巢穴的庇护下一起度过余生，只有捕猎时才出来。

狼鳗的上下颌十分强壮，能咬碎甲壳动物的壳。狼鳗的食物主要由甲壳动物组成。这条雄性狼鳗用锥形、尖利的牙齿抓住了螃蟹，它强大的后臼齿可以将螃蟹壳咬碎。不幸的是，由于猎物坚硬的外壳会逐渐磨损狼鳗的牙齿，导致它们无法进食，最终有许多狼鳗会被饿死。

电梯辅助

　　为了捕捉狼鳗彼此的奉献精神和它们巢穴里卵的画面，《大太平洋》摄影导演彼得·克拉格需要在水下待很长时间。但在水温6—7°C（42—44°F）的条件下潜很长时间需要做精心准备，包括准备一些额外的仪器。

　　为了延长潜水时间，克拉格用了一个双重呼吸管，它可以吸收潜水员呼出的二氧化碳，这样一来潜水员每一次呼吸时都能获取未使用的氧气。但这不能从根本上解决水下保温问题。为此，克拉格干衣的里面有一件靠电池加热的衣服，这有点像将电热毯裹在身上。他可以根据需要打开或关闭加热功能，主要是为了保持他的双手能正常工作。

　　虽然这听起来没什么，但是考虑到额外的仪器——摄影机和抵消干衣的浮力需要增加的额外配重——二者加起来，克拉格不得不多带上80千克（180磅）的重量。通常来说像这样潜水不是问题，但是当在海况不良的海水中进出时这就确实是个问题。因此摄制组准备了一艘内置了定制电梯的潜水船，可以带他进入和浮出水面。这对克拉格而言是一项创举，他在第一眼见到电梯时就爱上了它。

　　不列颠哥伦比亚的气候寒冷，通常还有大浪和暴雨。在这样的环境下你所能做的一切提高效率的事情都很伟大。

许多腕足的软体动物

奇异的外表、机智的行为和神秘的伪装技巧，使章鱼深深地吸引了我们。它们看起来似乎独立成一个大类群，但实际上它们隶属于软体动物。这意味着它们是无脊椎动物，因为它们没有内骨骼或外骨骼。把它们当做"由内而外"的软体动物，它们柔软的身体暴露在外，壳退化成两个小盾片用于固着头部的肌肉。

太平洋巨型章鱼生长于北太平洋的冷水海域，体重可达常人的两倍，从一处腕足尖端至另一处腕足尖端展开的体长达7米（25英尺）多。有一只巨型章鱼的标本展开后体长达到9.1米（29英尺），体重超过272千克（600英镑）。

太平洋是许多不同种类章鱼的家园。其中包括世界上最大的太平洋巨型章鱼以及最近才发现的神秘的太平洋条纹大章鱼。

右图：章鱼的八条腕足（图中的这只章鱼缺少了两条腕足）具有强大的吸盘。几丁质的环状吸盘能增强章鱼的触觉和味觉，赋予了它们非凡的能力，几乎可以紧紧抓住任何物体的表面。

太平洋巨型章鱼是个鬼鬼祟祟的捕食者，以迅雷不及掩耳的速度轻取了一只毫无戒心的螃蟹。一旦章鱼捕捉到猎物，它就用强壮的腕足或喙状口器将猎物撕开，或者在壳上钻一个洞来注射毒素。这样可以麻痹猎物，溶解动物身体和壳相互连接的结缔组织，让章鱼吃起来容易些。章鱼回到洞中享用美餐，然后将壳扔到位于洞口的垃圾堆。

右图：这只8厘米（3英寸）长的章鱼是太平洋条纹大章鱼，最近才被发现，发表时还没有学名。

人们近期才发现在中美洲的太平洋沿岸海域居住着太平洋条纹大章鱼。在许多方面它与已知的其他章鱼类似——皮肤发光，伴以体色变化，这显然与伪装有关，但它的交配行为则是独一无二的。

大多数雄性章鱼直接将充满精子的精荚插入雌性的输卵管，而雌性太平洋条纹大章鱼与大多数其他章鱼的交配方式不同，它们则在长达数小时的拥抱中包裹着雄性。雄性将其特殊的附肢蜷缩到雌性的外套膜中，但反过来，雌性也在雄性的外套膜外围缠绕着一条腕足，紧紧勒住雄性。

太平洋条纹大章鱼与大多数其他章鱼不同的另一处在于，雌性产卵后并不会死去，取而代之的是不停地一次次产卵。雌性精心照料着它们的卵，用虹管向卵喷水，使之从水中得到氧气以保持健康，通常还会清理卵上的细菌和藻类。当幼体孵化时机成熟时，雌性会用虹管诱发它们孵化。

上图：微小的蓝环章鱼或许有些害羞，但一旦被它咬伤会有致命的危险，是唯一可以置人于死地的章鱼。

一只雌性太平洋条纹大章鱼发现了一个适合产卵的地方。在这里它专心守护着卵，为它们清洁和充氧。当幼体准备好时，它会诱发它们的孵化。幼体要从卵囊中逃逸出来，对它们来说是一项挑战。小章鱼必须盘绕成圈，然后舒展自己才能从卵囊中挤出来。接着，这些新生的小章鱼必须勇敢地独自面对充满着捕食者的大海。最终的幸存者沉入海底，定居下来，开始新一轮的生命周期。

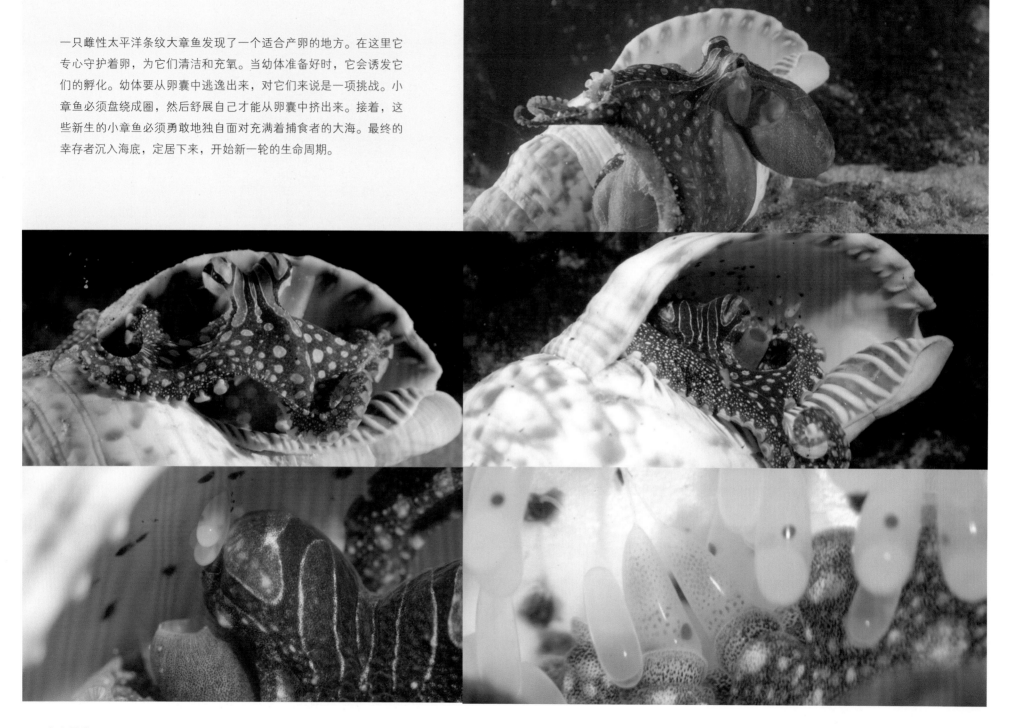

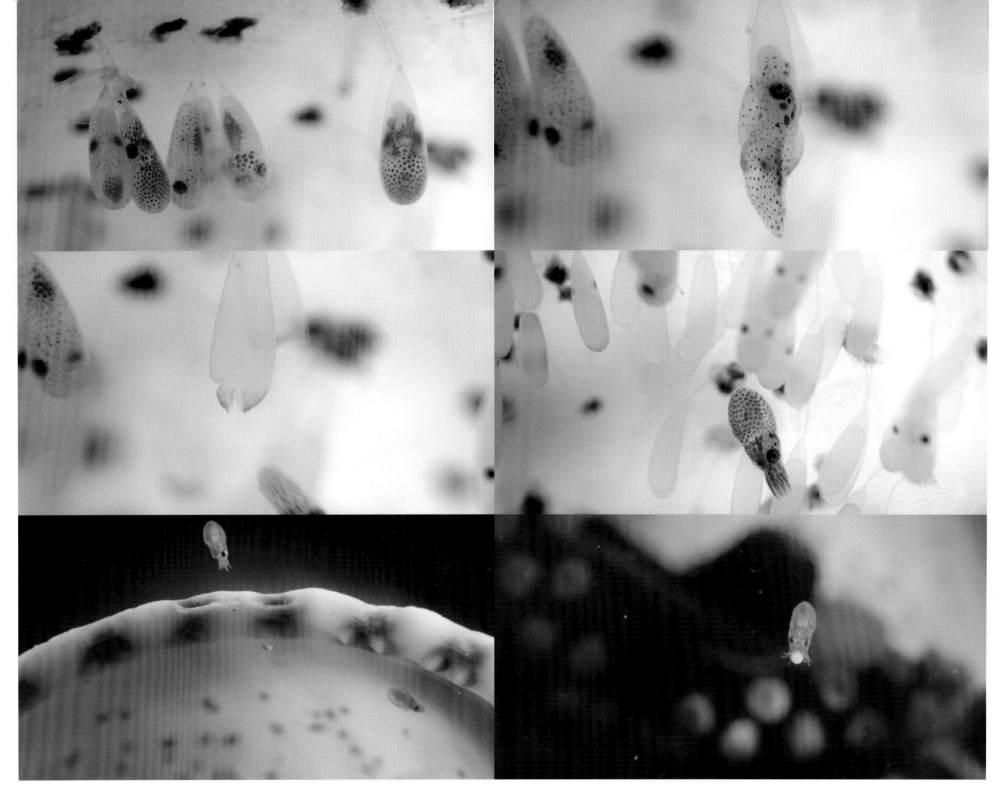

右图：儒艮是模范母亲。经过
13—14个月的妊娠期后，它们
产下一仔，哺育18个月或更长时
间。小儒艮和母亲共处的时间最
长达7年，其间它要学会觅食和
逃避捕食者。相反，父亲对后代
毫不关心。它们的领域性极强，
千方百计和进入其领域的雌性交
配，但不承担任何抚养的责任。

上图：儒艮的尾叶和前肢与海豚
类似，但前肢也可以用来在海床
上"行走"或把自己推离海底。

美人鱼的妈妈

"儒艮"的英文名起源于塔加拉语，意为"海女"，这些海洋哺乳动物的确来自美丽宁静的大自然，尽管名字与西方传统的美人鱼形象不匹配。

儒艮分布在热带太平洋西部的暖水海域，是地地道道的素食海洋哺乳动物，为此人们赋予了它另外一个昵称——"海牛"。它们用附有敏感大刚毛的肌肉质口鼻部啃食植物，看起来不像美人鱼，倒像是一台活生生的吸尘器。它们以海底的海草为食，吸出海草根部然后把海草全部吃掉。

儒艮是高度社会化的动物，常集结成大群。它们的行为很像海豚，用"啾啾"声、哨叫声和吠声相互交流。它们的嗅觉敏锐，据说它们在相当远的距离就能区分出水生植物。儒艮全身遍布着刚毛，起着感觉作用，特别是口鼻部，能够帮助它们感知周围水流的震动。

儒艮比它们大西洋的远亲——海牛更害羞，它们看起来似乎有些笨重和行动迟缓，但却能快速爆发地游动，潜入很远、很深的水中。众所周知它们可以游到很远的地方寻找特定的海草区，但另一方面，它们却只在某区域度过一生的大部分时光。大部分成年个体体长最长达4米（13英尺），可以免受捕食者，如鲨鱼和鳄鱼的伤害，但幼年个体需要依赖于母亲的保护。

儒艮

　　儒艮的寿命为70岁或更长，繁殖率低，特别容易灭绝。长期以来儒艮分布区的原住民一直捕杀它们，现在的人类活动如刺网捕鱼、航运和栖息地丧失更加剧了它们种群数量的下降。世界自然保护联盟（IUCN）和濒危野生动植物种国际贸易公约（CITES）将儒艮列为"易危"物种。

人为灾难

在拍摄菲律宾的儒艮时，《大太平洋》摄制组的摄影导演斯科特·斯奈德亲身经历了人类活动威胁太平洋的一个案例。

儒艮是害羞的动物，由于被无节制的捕杀，它们的数量正在快速下降，摄制组好不容易才找到了一对儒艮母子。正当斯科特和他的安全潜水员一起朝它们潜去时，一场震耳欲聋的水下爆炸声猛烈地撞击了他们的身体。

"我们彼此对望了一下，"斯科特回忆道，"接着飞速返回我们的船上。"

当时斯科特和他的同事怀疑，震动他们的是一场炸药爆炸。在东南亚的许多地方都有人在非法使用炸药炸鱼，这是一种野蛮的捕鱼方法，它能瞬间杀死或击晕大量的鱼。这对海洋生态系统造成了极大破坏，因为爆炸会造成无差别的攻击——它不仅杀死少数目标鱼类，同时也杀死了附近其他大大小小的鱼类、珊瑚礁和该区域的一切其他生物。

回到船上，摄制组的导游说他是一名辅助海岸警卫队员，于是导游前去寻找这次危险事件的发生地点并抓捕肇事者。爆炸的始作俑者却逃逸了，但是他们所制造的爆炸结果显而易见，也令人十分难过。斯科特和他的同事亲眼目睹了爆炸所造成的破坏，他将其描述为"一生中最伤心欲绝的一次潜水"。

"我从未见过如此的场景，我甚至没有做好心理准备。海底到处躺着死去了的美丽的珊瑚礁鱼类，成千上万的尸体，像是被随意丢弃的垃圾。更糟糕的是那些被击晕的鱼，在水里打转，徒劳地试图重新找到方向。一条河鲀正在企图游入珊瑚礁，却无处可去。霓虹雀鲷挣扎着要在几十个死去的同类身上浮起。马夫鱼、褐拟鳞鲀和珠斑大咽齿鱼躺在沙

里，等待着死亡，它们的鳃在快速地扇动着。为了捕捉几条须鲷而采用如此目光短浅的方式，这简直是令人难以置信的行为。"

斯科特解释，并非所有爆炸造成的伤害都是瞬间导致的，冲击波对珊瑚的组织也是有害的。爆炸区域里的许多硬珊瑚和软珊瑚是完整的，看起来一切正常，但在随后的几天里受伤的组织和死亡的珊瑚将会显现。

唯一的好消息是儒艮母子似乎没有受到伤害，尽管它们当时正在距离爆炸地点大约800米的地方摄食。对斯科特而言，这一经历令他清醒地意识到，太平洋每天都面临着威胁。

保护太平洋的珊瑚

珊瑚是地球上最为原始的动物之一，但在生态系统中也是最重要的。珊瑚礁孕育了海洋中最高水平的生物多样性，支撑了海洋1/4的物种，为各种各样的鱼类和无脊椎动物提供食物和庇护所，保护海岸线免受风暴和台风的破坏。简而言之，它们对我们星球的健康起着至关重要的作用。

不幸的是珊瑚也是脆弱的生物，尽管它们有着坚硬的由碳酸钙构成的骨骼却极易受到环境恶化和捕鱼活动的不利影响。它们的生长速度也十分缓慢：珊瑚虫需要1万年的时间才能从水螅珊瑚虫形成珊瑚礁，珊瑚礁系统需要数百年的时间才能达到成熟。

既要扮演"大自然母亲"的角色，但生长又极其缓慢，因此构建珊瑚礁生态系统对珊瑚来说是一个复杂的、耗时的过程。然而它

们却具有一项生物学上的优势：可以进行无性繁殖，本质上说就是克隆它们自身。如果一小块珊瑚脱落，它可能定居下来，生长、增殖。珊瑚这种特殊的能力，被称为"断枝繁殖"，能够用来在急需的地方增加其种群数量。

在加勒比海，珊瑚重建的方法已经取得成功，但太平洋海域的生存条件则大不相同。每年，台风肆虐着这一海域，即使一个中等强度的风暴也能轻而易举地消灭脆弱的珊瑚苗。解决这一困难的方案是将珊瑚的高度变得可调整，使幼小珊瑚在其生长的大部分时间里能够接近太阳照射到的海洋表面，而当风暴来临时又确保它们可以下降到一个比较平静的水深位置。

左图：在中国南部的海南岛，一个全国最大的珊瑚保护项目——由中国南海海洋研究所和大自然保护协会共同合作，已经建立了一个珊瑚养殖场，目的就是重建珊瑚礁。

右图：首先，选择一个最佳位置做养殖场，珊瑚需要理想的条件才能生长——适量的阳光，合适的水温，相应的防浪设施。这些精致的珊瑚不能零散放置，必须设计和建造一个保护珊瑚断枝的结构。

左图：科学家们精心修剪从珊瑚头部折断下来的断枝。每根断枝被小心翼翼地连接在支架上，就像装点圣诞树一样。接着是漫长的等待。这些珊瑚断枝需要数年的时间才能足够茁壮，然后被移植到有珊瑚礁的地方。

当把这些支架放到水底时，锚和浮标要同时到位。PVC珊瑚支架必须浮到一个最佳高度，新珊瑚才能吸收到光线和营养。

右图：与此同时，科学家们培训当地人成为珊瑚养殖场的守护者。这些志愿者们负责监控养殖区域的棘冠海星，棘冠海星是以珊瑚为食的残忍的无脊椎动物。仅仅一只棘冠海星，每年就可消耗6平方米（65平方英尺）的活珊瑚。

珊瑚礁

过度捕捞、海洋酸化、沿海开发和气候变化都会影响珊瑚礁的健康，并影响它们维持的丰富多样的生态系统。保护珊瑚礁既包括进行负责任的渔业管理，也包括栖息地保护，但目前世界上只有1/4的珊瑚礁享有受保护的待遇。许多组织如大自然保护协会正在进行珊瑚修复项目，他们的成功取决于可持续化的资源开发和人们对珊瑚礁的尊重意愿，毕竟珊瑚礁对地球十分重要。

在温暖的太平洋海域，珊瑚礁支撑着多样的生态系统，然而它们却面临着重重威胁，这些威胁不仅包括水温升高和海洋酸化，也包括棘冠海星的数量如瘟疫般地暴发。

美国

加利福尼亚州

●洛杉矶

Ⓗ

墨西哥

●瓜达拉哈拉

上图：滑银汉鱼长大后大约20厘米（8英寸）。它们以浮游生物为食，而它们本身则是其他鱼类、海洋哺乳动物和海鸟的重要食物。

左图：沙丁滑银汉鱼在白天繁殖，而它们十分相近的表亲加利福尼亚滑银汉鱼（细长滑银汉鱼）却在夜晚进行着同样的繁殖活动。

银色闪电

在加利福尼亚湾一股奇怪的潮水伴随着满月，像水银一样冲向空荡荡的海滩。

开始只是一丝微光，在碎浪中闪烁的银光，但不久后成千上万的流线型身体顽强地游过浅水区，直奔海滩。这是一次难得一见的事件，仅出现于墨西哥的这一地区，它们是沙丁滑银汉鱼，正上演着太平洋上最奇怪的交配节目之一。

一开始是一群雌性滑银汉鱼滑动着泛着银光的身体侵入海滩，这里就像在上演诺曼底登陆一样。雌性滑银汉鱼在海浪所及最远的沙滩上挖沙产卵。不久下一波部队——雄性滑银汉鱼——就到来了。这些士兵，同样义无反顾，开始把自己缠在半埋的雌性身体上，给她们刚产下的卵受精。

这些鱼只有几分钟的时间来完成它们的激情拥抱，在窒息之前它们必须返回大海。黄昏时，这件事就成了回忆，就如同银色的海市蜃楼一般，转瞬即逝。

左图：令人惊讶的是如此多的鱼离开了水却几乎没有死亡；滑银汉鱼离开海水能存活一个小时之久。但是任何落单的鱼都会被海鸥和其他滨鸟掠走。海鸟，如褐鹈鹕，也利用这些鱼聚集在浅滩的良机获取一顿简单的午餐。

右图：春季和夏季，"滑银汉鱼大队"。

一旦雌鱼到达沙滩，她就拱起她的身体，用尾部挖出半流体的沙子，筑起一个巢。

左图：像一场绝望的舞蹈，她扭动着身体，钻到沙子里直到她被半埋在沙中，头部朝上竖立着。在这里她产下1600—3600个卵。小小的卵沉落在她筑起的巢穴里。

雄性将自己包裹在雌性身上以释放精子，精子顺着雌性的身体，流至卵子，使卵子受精。每个巢中会有多达8条雄性滑银汉鱼在此授精。

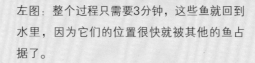

左图：整个过程只需要3分钟，这些鱼就回到水里，因为它们的位置很快就被其他的鱼占据了。

右图：由波浪作用产生的湍流将受精卵埋入约15厘米（5英寸）深的潮湿的沙中。受精的胚胎会一直待在沙子里，直至下一年春天，合适的潮汐会带来海浪把幼体释放出来。

右图：一条雌性喙头蜥在挑选的洞穴里产卵。雌性隔2—7年就会产下6—10枚卵。产卵后它回到自己的洞穴。

上图：它们看起来像蜥蜴，尽管它们有亲缘关系，但喙头蜥并不是蜥蜴家族的成员。不同的生理差异，例如它们的头骨结构和雄性的生殖器官，使它们有别于其他的爬行动物。

右图：到成年期喙头蜥的头部发育成型，而雄性的头部则发育得更全面些。喙头蜥体长30—75厘米（12—30英寸）。

缺席的父母

喙头蜥（楔齿蜥）的爱情故事很短，这种独特的爬行动物的求爱和伴侣关系转瞬即逝，就连养育后代也一样。具有讽刺意味的是，它们繁殖行为的短暂性与它们的预期寿命大相径庭，在没有捕食者的情况下，它们的寿命非常长。

事实上在喙头蜥生命过程中的很多事情，除了交配，都是慢慢发生的。喙头蜥的卵产在浅浅的窝内，需要11—16个月的孵化期，而幼体则需要多达13年才能达到性成熟。喙头蜥通常能活60年左右，但有的个体也有可能活的时间更长——可能长达一个世纪或更久。

喙头蜥是陆生动物，雌雄喙头蜥不共享巢穴，而它们的孩子根本接受不到任何亲代抚育。喙头蜥独居，自己挖洞，或者"隐伏"

在小型海鸟仙锯鹱筑的巢穴里。这些鸟通常会建造由连锁通道连接成的、带有若干入口的洞穴群。这对喙头蜥来说十分合适，它可以居住在一个复杂的区域，并把那些被仙锯鹱排泄物所吸引来的小动物作为"外卖餐食"。

喙头蜥经常被称为"活化石"，是喙头目众多成员中幸存下来的物种[1]。大约2亿年前，喙头目还有许多其他的成员物种，当时也是恐龙还在地球上到处游荡的时候。不知何故，喙头蜥在6000万年前的灭绝事件中幸免于难，一直生活在新西兰，没有受到威胁，直至人类到来。

---

[1] 即楔齿蜥属（*Sphenodon*）。——译者注

一只幼年的喙头蜥在森林的地面上悄无声息地捕食一只蜘蛛。等它长大些时，它的食谱会加入小蜥蜴、青蛙甚至幼鸟。

喙头蜥

　　在人类来到新西兰之前，喙头蜥的唯一天敌是大型鸟类。然而，在公元1250—1300年，随着新西兰的殖民时期到来，第一批殖民者带来了老鼠。喙头蜥很容易受到这些有害动物的侵害，尤其是幼体喙头蜥。当欧洲殖民者到来时，他们随之携带了猫、狗、雪貂、白鼬和负鼠，这导致大陆上的喙头蜥几乎灭绝。接着那些在离岸岛屿上生存下来的喙头蜥的种群数量也开始下降，作为那些捕食者的哺乳动物也侵入了这些避难所。

　　如今，喙头蜥被局限在远离捕食者的离岸岛屿上生活。在一些主要岛屿上，人类已经将它们引入无捕食者的保护区里。消灭入侵捕食者似乎是保证这种独特动物在其家园生存的唯一行之有效的方法。

父亲的激情

上图：尽管海马爸爸只会携带一只雌性海马的卵，然而海马却以滥交而闻名，因为它们在求偶时可能会和不止一个伴侣跳舞。科学家们认为这可能是它们在为寻找下一个成功交配对象做准备。

在新西兰沿海的温带海域，世界上最大的海马——膨腹海马，为"父亲"这一概念带来了全新的诠释。

长期以来海马一直以它们擅长抓握的尾巴和似马的形象吸引着我们，它们生活在潮间带和沿海海域的海草和岩礁中。在这里它们以浮游动物大小的甲壳类动物为食，比如小虾，它们用自己独特的口鼻部从水中摄取这些小生物。

右图：膨腹海马会进行一种仪式化的求爱"舞蹈"，整个过程可以持续20分钟。开始时，雄海马会把它膨胀的胃袋变成明亮的黄色，并不断地膨胀和收缩。然后它会接近心仪的伴侣，把头垂下来，颤动着小鳍。

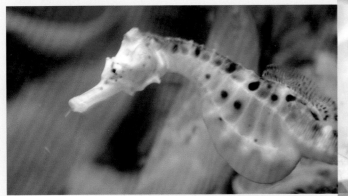

上图：这只雌海马被雄海马激发了兴趣，迅速地使自己的颜色变得更加鲜活。然后，它们的尾巴缠绕在一起，开始在水下跳起了"双人舞"，舞姿翩翩，镜像彼此。在某一时刻，当它们腹部对着腹部时，雌性会将卵插入雄性的育儿袋。在短暂的片刻之后，这对情侣就分开了，各奔东西。

右图：一旦"怀孕"，雄性海马的体色会变暗。幼海马在孵化后仍待在育儿袋里，这样可以在父亲的怀里安全地发育30天左右——依据水温而定。在育幼期过后的破晓前，雄性海马会释放出自己的孩子，于是多达700只的小海马随着潮水漂流而去。

海洋珠宝

上图：现在金唇贝养殖正处在一个不断完善的过程中——以创造出完美的珍珠。

右图：金唇贝被认为是珍珠贝家族的巨头，其直径可达30厘米（12英寸）。

在菲律宾巴拉望岛周围，有一片受保护的太平洋海域，这里是世界上最大最稀有的珍珠贝——金珍珠贝或金唇贝（大珠母贝）的家园。正如它的名字所体现的那样，这种软体动物能生产出金色珍珠，是当今世界上最令人垂涎的宝石之一。

天然的金唇贝分布在巴拉望周围，是众所周知的自然界中的敏感物种。要从它们那里获得完美的珍珠，需要付出极大的心血，这个过程中人们需要控制诸多影响珍珠贝生产的变量，而珍珠就生长在珍珠贝里。

上图：金唇贝要在海里的托盘上待3年的时间，与此同时，金唇贝里的珍珠正缓慢地生长。在这段时间里，金唇贝受到悉心的监管。

当一颗微小的外来粒子进入珍珠贝的活体组织时，珍珠就开始形成了。珍珠贝为了保护自己，在粒子上涂上了一层层的涂层，这种涂层由一种碳酸钙组成，是均质的光反射物质，它决定了珍珠贝壳内层的颜色。

曾经自然形成的野生珍珠，如今已几乎找不到了。海洋的每一个微小变化，如温度或营养水平都会影响它们产生的珍珠质量。珍珠养殖现在的目标是利用其自然的形成过程，同时控制其中的一些变量，以获得完美的珍珠，满足世界对这种金色珠宝的需求。

人工养殖的珍珠比野生珍珠更圆、更光滑，但是，尽管养殖过程有严格的5年标准，然而人们仍然没有任何办法保证珍珠的完美程度。首先，在头两年的时间里，养殖工人们手把手喂养金唇贝幼体，这些幼体被称为"稚贝"，直到它们可以在体内达到形成珍珠的大小标准。接着工人们需要非常精确地将一小片贝壳巧妙地移植到金唇贝的体内，日积月累，这片小贝壳就会成为金唇贝里的珍珠的核心。

为了保证这种神秘变化，水温不能低于29.5℃（85℉）或高于31℃（88℉），否则，金唇贝就会死亡。海洋必须富含氧气，并接收适量的阳光，以确保有足够的浮游生物给金唇贝这种软体动物摄食。水流必须足够强劲，才能把这些食物输送给金唇贝，但不能太大，以至于它们会感到压力。水质清洁，因为污染物可以进入金唇贝体内进而影响其珍珠的质量。

这些金唇贝和它潜在的珍珠，随后被放置在海水里的托盘中，在那里它们还要再经历3年的培育时间。养殖工人每天要监测每一只唇贝，以监测它们是否遭受到生存压力，同时要检测周围水质的污染情况。此外，工人们还要赶走肉食性的鱼类，小心翼翼地清除金唇贝外壳上的寄生虫和藻类。在这整个5年的时间里，照料金唇贝的工人们都无法看到生长中的珍珠。

最终，到了收获的季节，经过特别训练的技术人员必须保证在不伤害金唇贝的前提下，耐心地将新珍珠取出。然后这些珍珠就被分类、分级，那些评级接近完美的珍珠就会走上通往高端市场的道路。

金唇贝

　　在巴拉望所生产的第一批金珍珠是由残存的一些野生金唇贝培育而成。现在，巴拉望的珠宝农场维持了这个物种的生存。在生产了若干珍珠之后，这个农场的金唇贝将被小心翼翼地送回海洋，让它们在余生自然地繁衍下去，用它们的金色宝藏重新使太平洋变得丰富多彩。

想想那海洋之中普遍的同类相食场景；那些互相捕食的动物们，自世界诞生之日起，就在进行着永无止境的战争。

——赫尔曼·梅尔维尔

贪婪的
太平洋

——对满足饥饿的迫切

浩瀚的海洋当中蕴含着丰富的食物。对食物的追求是生活在太平洋里所有生命的生存动力。从最大的动物到最小的动物，对它们来说，每一口食物都有价值。

　　满足口腹之欲是生命最基本的冲动之一。为了填饱肚子，所有的动物以及一些植物运用无数种不同的方法摄食、收获、猎捕、诱捕或者捡拾食物。由此一来，自然界里就出现了多种多样的寻找食物的行为，随着时间的推移，动物也因此产生了令人震惊的适应机制。

　　在太平洋，四处可见动物受到饥饿本能的驱使而行动的例子：鱼类离开海水，飞翔的鸟类像鱼类一样在海浪之下游泳。生存在太平洋之中的最大的动物，却以太平洋里最小的动物为食，它们为了找寻这些小小的食物，在海洋之中漫游；与此同时，其他的动物却固守某处，等待着潮汐为它们带来随机的食物，有时这些食物比它们本身的重量还要重。

　　太平洋里有温血鱼，利用热力学推进自身运动，以精确的速度接近并捕获猎物；也有怪物般的水母，嘴巴却没有大头针的头大，平日里在海洋之中随波逐流。

　　在所有的这些令人惊异的生物多样性和捕食多样性之中，有一点是共通的：它们都发生在同一个家园——广阔而贪婪的大太平洋。

右图：鲸鲨是世界上最大的鱼，嘴巴可达2米（7英尺）宽。然而，鲸鲨和世界上最大的哺乳动物——蓝鲸一样，它们是滤食性动物，以大量的浮游生物为食。

深蓝之下的巨兽

　　蓝鲸，是世界上已知的最大的动物，它们就生活在广袤无垠的太平洋里。海水浮力的支持以及海洋慷慨赠与的食物共同滋养了这一温柔的海洋巨兽，使它们进化、成长得比任何的陆地动物都要巨大。这便是我们海洋星球的进化产物。

　　蓝鲸刚出生的时候体长最大可达8米（25英尺），体重可达2.7公吨（3吨）。蓝鲸幼崽在生命伊始的7个月中，仅以母亲富含脂肪的乳汁为食，单凭吸收这些乳汁，它们每天就可以增加90千克（200磅）的体重。成年的蓝鲸体长可以长到30米（100英尺），体重达200公吨（220吨）。蓝鲸心脏的体积与一辆小汽车差不多

大——有人打趣地说这辆小汽车应该是指甲壳虫汽车，将如此令人惊叹的自然造物与人类的发明产物放在一起比较，对这一物种来说是不太公平的。当然了，对此我们还有商量的余地。

　　在太平洋的南部和北部，生活着差异明显的两个蓝鲸亚种。它们大部分时间都独立行动，但是这两个亚种在特定时间会各自以集群的方式觅食和繁殖。它们能够发出这个星球上最响亮、最具穿透力的声音；它们的鸣叫由一系列的低吟声和脉冲声组成，最远在1 600千米（1 000英里）的地方都能听见。据猜测，这样的声音有助于帮助它们在广阔的海洋之中找寻同类。

左上图与上图：值得注意的是，养育蓝鲸那令人难以置信的生长速度和庞大的体型的，却是一群体型微小、长得像虾一般的动物，这些动物被称为"磷虾"。蓝鲸只需张嘴游过这群磷虾聚集形成的群体，然后将口中的水过滤掉，就可以吞下不少的磷虾。在夏季，一头蓝鲸每天可以吞下4公吨（4.5吨）甚至更多的富含蛋白质的磷虾。

蓝鲸的身体结构极其适应其在海洋中的摄食行为：它硕大的嘴巴两侧排满了坚韧的角质板片，这些结构被称为"鲸须"，它的喉部和腹部的外部皮肤布满了沟褶，可以将喉腹部撑开。随着蓝鲸大口地吞下带有大量磷虾的海水，再用它巨大的舌头将海水压出口中，磷虾便被鲸须过滤下来，留在蓝鲸口中，这就仿佛在海水中用拖网捕捞鱼群一样。

蓝鲸

　　由于具有经济价值，蓝鲸在20世纪被捕鲸人大量捕杀，以致濒临灭绝。个体数量曾经低至仅剩数百头，直到国际捕鲸委员会于1966年发布捕杀禁令，蓝鲸才得到了正式的保护。直至现在，蓝鲸依然被认为是濒危动物，科学家们无法确定全球的蓝鲸种群恢复得如何。蓝鲸的繁殖率很低，人们担心过小的基因库不利于这一种群的健康繁殖。

地图标注：
日本　北太平洋　美国　洛杉矶
夏威夷
H　比基尼环礁
阿皮亚　帕皮提
澳大利亚

冲出海水的鱼

　　马绍尔群岛上偏远的比基尼环礁，见证了一种罕见的捕食现象。当花斑裸胸鳝在觅食的时候，会离开海水，到岸上来捕猎。

　　这种鱼类在陆地捕食的行为是最近才记录到的，而且只发生在花斑裸胸鳝身上。花斑裸胸鳝生活在水深100米（330英尺）以上的浅海区域。虽然人们对于花斑裸胸鳝如何适应陆地捕食机制的过程还不知晓，但是这样能让《大太平洋》摄制组的成员连续几天都观察到的行为，显然不是一次有趣的偶然现象。在低潮期，花斑裸胸鳝主动冒险来到岩石海岸，反复进出岩池以避免窒息，同时，它们会寻找没有戒心的螃蟹，并迅速地伏击，再返回海中。花斑裸胸鳝具有合适的武器来伏击螃蟹，它的颌部强壮有力，尖牙很短，能够帮助它每一次伏击的时候咬住一只完整的螃蟹。

上图：一条花斑裸胸鳝离开安全的海水环境，来到比基尼环礁的岩石海岸寻找猎物。这种行为史无前例，只是最近才有所记录。

一条花斑裸胸鳝正在等待螃蟹靠近。和其他的裸胸鳝一样，花斑裸胸鳝具有强壮的、向后倾斜的牙齿，能够防止猎物在被抓住之后逃走或者滑掉。

幸运的小插曲

摄影导演彼得·克拉格将其在比基尼环礁录制的花斑裸胸鳝捕猎的场面描述为这一系列中最棒的、令人惊叹的时刻。

为了录制椰子蟹和礁鲨的片段，《大太平洋》的摄制组成员经历了漫长遥远的一段旅程。但当兴奋的科学家们将观察到的裸胸鳝在陆地上捕食的消息带回船上时，摄制组成员意识到这是一次捕捉这一不同寻常的行为画面的绝佳机会。

遗憾的是，这些裸胸鳝并未再次出现在同一个地方，他们搜索了多天，依然毫无结果。摄制组成员最终把搜寻地点转移到环礁的另一边。几天之后，科学家们又兴奋地带着好消息回来了——这一次他们还用手机拍摄了裸胸鳝的行动画面。

摄制组的成员还算幸运，隔天他们在科学家们拍到裸胸鳝的地方沿着海岸线分散行动，等待裸胸鳝出现——裸胸鳝果然出现了，15条裸胸鳝在覆盖着藻类的岩石周围爬行，寻找螃蟹。这也是计划录制裸胸鳝片段的最后一天。

"我们的时间已经不够了，所以我们没有更多的机会等待，但是我们在一个下午就把我们需要的片段都采集到了，"克拉格说，"真是'来得早不如来得巧'。"

下图：双冠鸬鹚可以一次潜入水中最长达30秒之久，它那像翅膀一样的脚蹼和强壮的脚起到了推进并引导方向的作用。

右图：双冠鸬鹚用它那长而带钩的喙来捕捉鱼类，偶尔的，它们也捕食一些甲壳类动物。在抓住这些猎物后，鸬鹚会游回海面，接着回到陆地上。它们会站在地上把自己的翅膀张开，让阳光把浸湿的身体晒干——这就是它入侵海洋领域觅食所付出的代价。

在水下飞翔

"双冠鸬鹚"的名字来源于它们头部两侧长有极具特色的羽毛丛。双冠鸬鹚已经演化出了适应潜入浅海捕鱼的行为。与其他海鸟相比，它们的骨骼占体重的比例更大，它们的身体脂肪更少，外层羽毛不防水，在快速进入海水后会马上湿透。所有的这些特性都有助于双冠鸬鹚平时在水中减小浮力、潜入海浪之下数米深进行突袭狩猎。

可悲的下场

双冠鸬鹚已经是水中熟练的游泳者了，幼鸟在会飞之前就要先下水。这对它们来说是十分冒险的经历，因为有许多动物会捕食鸬鹚，包括其他的海鸟。

左图：在加利福尼亚海域里，有只鸬鹚幼鸟被海水淹死了，它可能是从上方悬崖的巢穴中掉下来的，并闯入了巨绿海葵（黄海葵）的生境，陷入了海葵带有刺细胞的触手群中。

下图：巨绿海葵是世界上最大的海葵，这些海葵很欢迎这样从天上掉下来的"馅饼"。

左图：这些无脊椎动物用触手将这只幼鸟的身体拉到触手冠的中央，即口部的位置，然后开始吞咽这只幼鸟。

下图：之后若有消化不了的废物，也会从这一开口被排出来。

本页图：在加利福尼亚州的蒙特利尔，双冠鸬鹚聚集在庞大的沿海聚居地中繁育幼体。鸬鹚的双亲每次能养育数只幼鸟，它们利用反刍的方式将捕获的鱼喂给那些嗷嗷待哺的幼鸟。这些幼鸟在10周左右时，就会离开巢穴，独自生活。

左图：就像一款设计优良的跑车一样，尖吻鲭鲨向着游得更快的方向而演化。

上图与右图：大青鲨是一种远洋性物种，它们常见于和尖吻鲭鲨相同的海域里。大青鲨独特的体色、纤细的身子和长长的口鼻部与胸鳍，都是它们与尖吻鲭鲨相区分的特征。作为大青鲨的表亲，尖吻鲭鲨在海中的游速更快。

速度机器

尖吻鲭鲨是世界上速度最快的鲨鱼。其游速最快可以达到每小时32千米（20英里），同时它还保持了长距离远洋航行的纪录——以每天58千米（36英里）的速度行进了2130千米（1320英里）。

尖吻鲭鲨的外形完美地符合了流体力学的要求，它还能够有选择性地加热身体的某一部分温度，使其高于水温。相比于其他大部分鱼类，尖吻鲭鲨的体温调节能力使它能更快地消化食物、保持警惕、在冷水中保持更加活跃的状态。它还可以将能量更高效地传递给肌肉，以实现爆发性的冲刺——要成为金枪鱼、鲭鱼、旗鱼和海鲈这些远洋鱼类的致命捕食者，上述因素缺一不可。

与尖吻鲭鲨交朋友

《大太平洋》的摄影导演迈克·巴那有20年以上的与鲨鱼同游的潜水经验，对鲨鱼的行为有深刻的了解，他十分清楚进入鲨鱼栖息地时与它们面对面的危险性。

为了录制《大太平洋》，巴那拍摄了新西兰东北部离岸海域的尖吻鲭鲨，这里是年轻的尖吻鲭鲨常常聚集的地方。巴那与一名助理潜水员进入水中，仅拿着一条PVC棍或是戴着鲨鱼盾作为保护，周围则有多条体长近2米（7英尺）的鲨鱼在游动。

巴那在没有采用鲨鱼笼保护的情况下观察和录制鲨鱼的片段，是基于多年的个人经验和科学记录而做的决定。

"当你进入鲨鱼存在的海域时，这些鲨鱼中的大部分此前还从来没有见过人类，因此它们需要先弄明白你是什么。此时，你需要让这些鲨鱼知道，你不是它们的猎物，但你对它们也不会构成威胁，你要让它们将你视为与它们同等地位的另一类捕食者。"

"当然你必须专注于手头的工作，你的目的是为了获得影像，但同时你也要注意你的行为表现以及鲨鱼的行为表现。千万不要表现出惧怕，因为一旦你表现出惧怕，这些鲨鱼就能够感知到，它们就会将你视为猎物了。"

巴那提到，鲨鱼通常会在行动之前表现出一系列的"暗示"，这些暗示是鲨鱼情绪波动的指标，巴那就依照这些暗示来调整自己的行为并做出反应。这些暗示包括合上嘴巴、放低胸鳍——这些都是鲨鱼将要俯冲甚至攻击的前兆。如果一头更大的鲨鱼出现了，巴那会离开水下。

"尖吻鲭鲨将猎物按照大小来划分等级，一旦它们达到性成熟年龄，这些尖吻鲭鲨猎捕的猎物等级也会改变。而当它们体长

长到2米（7英尺）甚至更长的时候，它们就会开始猎捕更大的猎物——包括人类。"

与它们的表亲大白鲨相似，尖吻鲭鲨以伏击的形式捕捉猎物。不同的是，大白鲨的主要优势在于隐藏自己，而尖吻鲭鲨则以速度取胜。

"成年的尖吻鲭鲨通常会接近你来确定你的身份，它们会绕着你转圈，随后离开，远离你的视野范围。此时你要意识到，它们有可能快速地从你的身后再次出现，所以你要尽快离开。"

巴那十分敬重尖吻鲭鲨，他对广泛推行的反对鱼翅贸易的立法表示赞赏，在立法推进之下，鲨鱼的数量正在回升。尽管如此，他强调了录制行为的危险性，要求《大太平洋》的观众和读者不要模仿。

"观众们看到我们与鲨鱼互动的行为，可能会产生一种虚假的安全感，认为鲨鱼没有什么危险性。事实并非如此，我们的观众要记住，这些动物依然很危险。我不建议任何不清楚鲨鱼行为的人在水中与鲨鱼同游——这真的是太危险了。"

优雅的植食性动物

　　尽管许多海洋动物都相当迷人，但是几乎没有一种能与蝠鲼相媲美——它们游动的姿势好像在跳芭蕾舞一样。蝠鲼的双鳍展开来就像一对翅膀，最大的两种蝠鲼的翼展可达7米（23英尺）宽。它们在水中游动的时候，好似迁徙的鸟儿在空中飞翔。

　　蝠鲼和许多生活在太平洋中的体型最大的居民一样，以一部分体型最小的生物——浮游生物为食。蝠鲼在水中优雅的俯冲和翻滚往往与它们的摄食行为有关。蝠鲼张开它角状的头鳍，在水中游动，有效地利用口形成一个漏斗状的结构，并将海水引入这宽阔而无牙的口中。海水中的浮游生物随着水流进入蝠鲼的口中，被排列在蝠鲼喉咙里的五瓣羽状的鳃板困住，而水流则流过鳃板离开蝠鲼体内，随后这些富含蛋白质的混合物就会被以一种咳嗽的形式冲入蝠鲼的胃里。

上图：蝠鲼鲜明的色彩，包括它们腹面的斑点和背面的纹路都能够帮助我们识别它们的每一只个体。

左图：图中的这种蝠鲼是阿氏前口蝠鲼[1]，它们比亲缘关系相近的、生活在远洋的双吻前口蝠鲼体型更小，双鳍翼展约4.5米（15英尺）宽。

[1] 这里的蝠鲼指的是前口蝠鲼属（*Manta*）的蝠鲼，当前该属只有两个物种，而非蝠鲼属（*Mobula*）的蝠鲼。——译者注

右图：蝠鲼只要活着就会持续不断地运动，它们必须使海水持续地流过它们的鳃。停止运动的蝠鲼处于负浮力的状态，如果它们停止运动，它们就会缓慢地下沉。它们与鲨鱼一样也是软骨鱼类，它们的体内没有鱼鳔，无法利用鱼鳔来调节浮力。除了鱼鳔，软骨鱼类还具备柔韧的、纤维质的骨骼，密度仅为硬骨鱼骨骼密度的一半——这样的骨骼是演化的产物，能帮助蝠鲼节约能量，也能使它们在水下展现出优雅的身姿。

下图：蝠鲼的英文名"manta"一词源于西班牙语，意为"斗篷"或者"披肩"——对于蝠鲼这外形来说，真是十分贴切的比喻。

左图：阿氏前口蝠鲼的英文名之意为"珊瑚礁蝠鲼"，这一名称确切地体现了这种蝠鲼的生活环境。它们频繁出现在珊瑚礁、热带群岛和环礁以及其他的沿海海域。在富含浮游生物的海域，阿氏前口蝠鲼会聚集成大规模的群体在水中摄食，仿佛一同在水中翩翩起舞。

蝠鲼

　　由于体型巨大，成年蝠鲼在野外几乎没有天敌。然而面对最新出现、最危险的捕食者——人类，蝠鲼巨大的身型却提供不了任何的保护作用。双吻前口蝠鲼和阿氏前口蝠鲼正在遭遇极高的被捕捞和被钓鱼线和渔网缠绕致死的风险，因此它们是十分脆弱的物种。在中药产品中，蝠鲼的鳃耙被视为具有药用价值的原材料。这一需求驱动了蝠鲼产品的国际贸易，因此当前亟需对蝠鲼进行国际层面的保护，以阻止蝠鲼种群数量的进一步下降。

巨大的漂浮者

　　越前水母是生活在太平洋里的另一种大型海洋生物。越前水母体型庞大，是植食性的动物，它一生中的大部分时间都在中国的黄海和东海海域漂浮生活。

　　越前水母一开始只是一枚针头大小的水螅，随后这只漫游的、长得像蘑菇的怪物会迅速长大，不到一年的时间成为直径2米（6½英尺）的水母，体重超过200千克（440磅）。越前水母每天多达10%的体型增量，为了给这非同寻常的生长速度提供能量，幼年水母以微小的浮游生物颗粒为食，然而它们的口直径只有1毫米（3/64英寸）。

左图与上图：越前水母就从这微小的体型最终长成地球上最大体型的水母之一。

右图：越前水母没有眼，也没有大脑。它只能控制自己在海水中的深度，否则它就只能在洋流的摆布下漂浮。

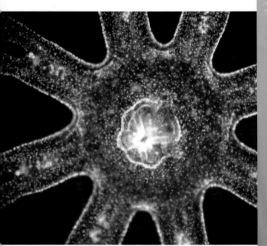

上图：越前水母幼体的单口直径小于1毫米，而成体则会长出成百上千只这样的小口。

右图：虽然越前水母蜇人所产生的毒素不足以致人于死地，但依然会让人十分痛苦，还会导致人体的肺部产生积液。

这种成长迅速的水母胃口之大，一个小小的嘴巴是满足不了它们的。随着这种无脊椎动物长大，它会在它的钟形伞体之下发育出更多大小相同的嘴巴。水母通过伞体在水中的推动作用以及触手的运动，将浮游生物、鱼卵和仔鱼推入口中。据称，通过这种滤食行为，一只越前水母成体每天能够滤食一个奥林匹克游泳池那么大体积的浮游生物群体。

越前水母

　　越前水母曾经只生活在黄海海域，如今它们也定期出现在日本海，并且在此大量聚集，当地渔民对此头痛不已。没有人确定为什么近几年来越前水母的种群数量呈现出爆炸式的增长，不过科学家们怀疑这与全球变暖导致的海水温度升高有关。或许由于沿海工农业的过度发展，导致海洋中的营养含量增加，加之人类对海洋鱼类的过度捕捞，导致一些以越前水母为食的鱼类（例如旗鱼和金枪鱼）数量急剧下降，所以目前越前水母的种群数量才会如此之大。

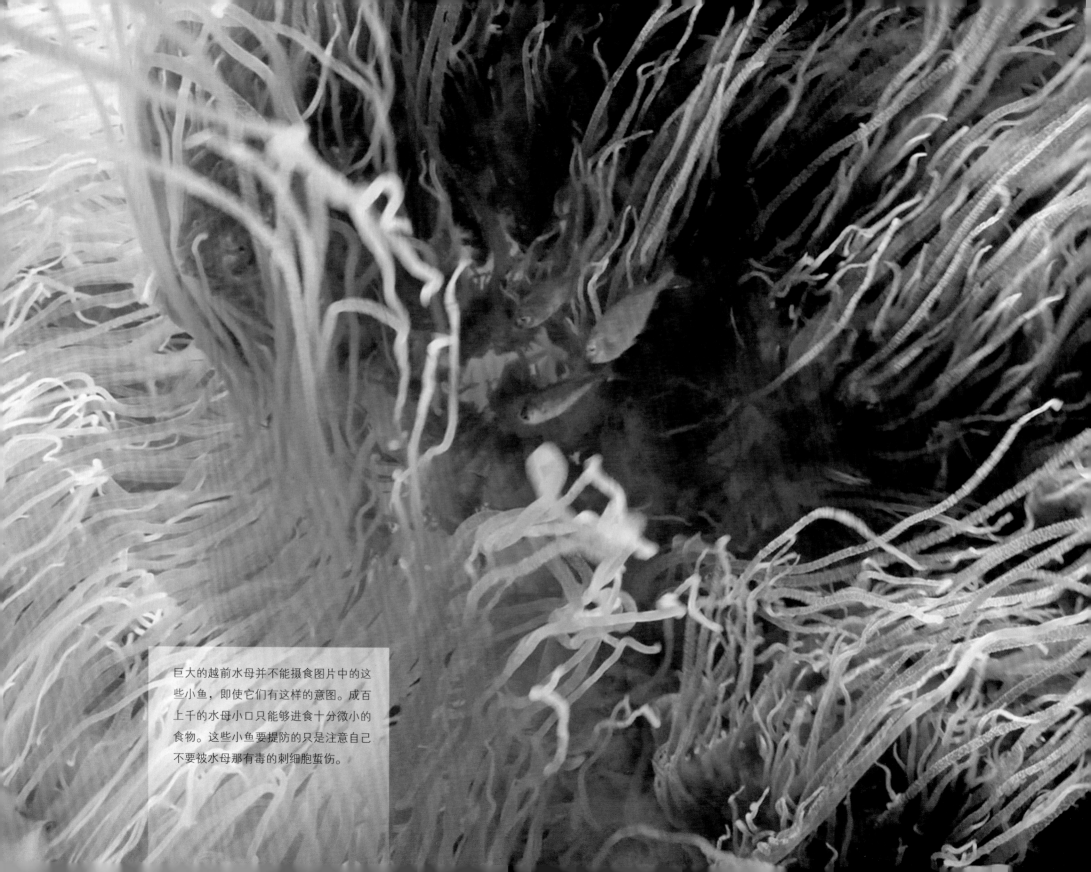

巨大的越前水母并不能摄食图片中的这些小鱼，即使它们有这样的意图。成百上千的水母小口只能够进食十分微小的食物。这些小鱼要提防的只是注意自己不要被水母那有毒的刺细胞蜇伤。

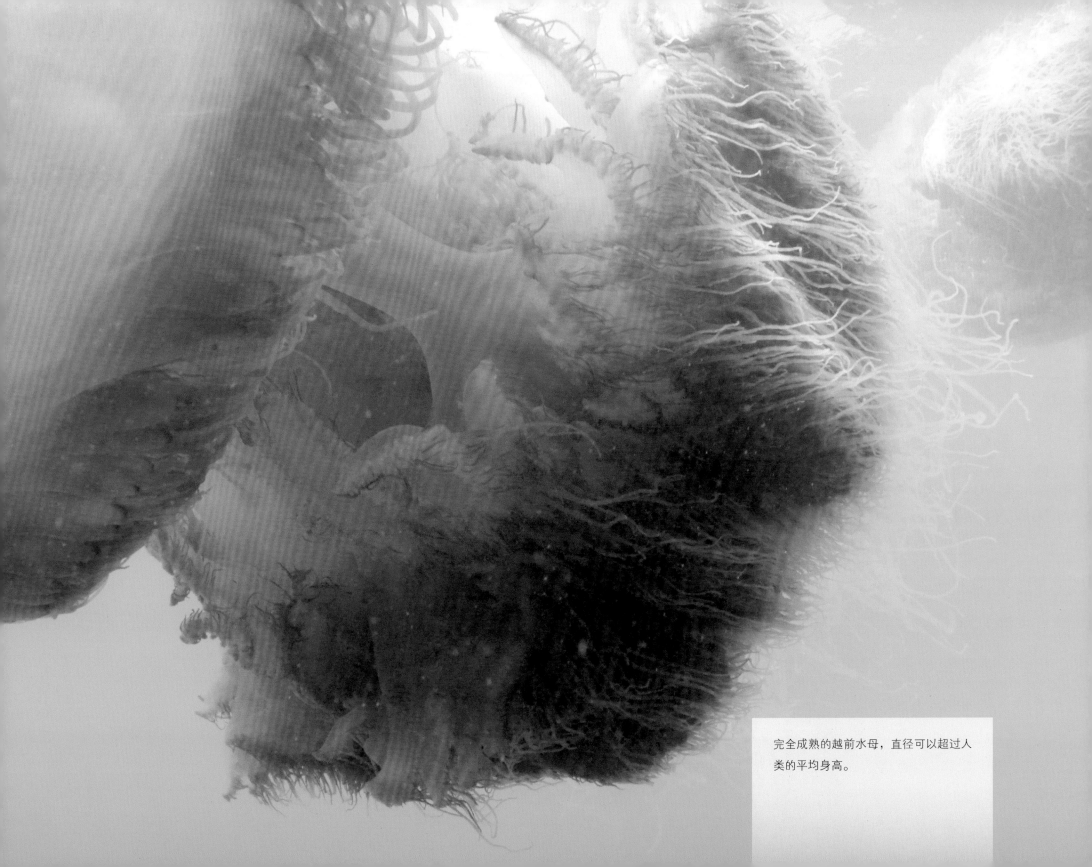

完全成熟的越前水母，直径可以超过人类的平均身高。

海底森林

　　巨藻的高度可以达到30米（100英尺），它们生活在太平洋的温带沿海海域，被普遍认为是海洋中最长的"海草"。事实上，巨藻从严格意义上来说并不是植物，而是一类世界上最大的海洋藻类，它们没有根，却有用于紧紧锚定在岩石上的分支结构，这一结构被称为"固着器"。

　　巨藻为成千上万的海洋物种提供了栖息地，同时也创造了地球上生物多样性最丰富的生态系统之一，它就好似海底的热带雨林。巨藻每天可以生长60厘米（2英尺），长长的藻叶最终在水面上形成了篷，为生活在巨藻下的生物们提供了重要的遮阴与庇护功能。然而，加利福尼亚离岸海域冷水环境里的巨藻以及依赖着它们的生物们，正面临着生存威胁。

　　红海胆是一种多刺的、生活在海底的无脊椎动物，它们对巨

下图与右图：由于巨藻不是植物，没有根，因此巨藻用于固着在基质上的结构为"固着器"，是一种网格状的结构。

左图与上图：红海胆看起来个体也不是很大，但它们是给巨藻带来灾难的大敌。它们以千只带有吸力的管足移动，而它们身上的感光细胞就好像发育不良的眼。最令人印象深刻的是，红海胆的牙齿（见下图）可以穿透石头。

左图：紫海胆的体型比红海胆小，但它们的分布和食谱内容与红海胆一样，它们的天敌也同样是海獭。紫海胆也用它们的棘刺和管足在海底巡行，在找到巨藻后成群地聚集在巨藻的基部，用它们锋利的牙齿啃食巨藻的固着器。

藻似乎有无穷无尽的胃口。红海胆以管足为运动器官，这些管足从坚硬的外骨骼上的孔伸出，能够以令人惊异的速度在海底四处探索。当红海胆发现巨藻的固着器，它就会快速地用它那5片刀锋一般尖锐的牙齿啃食、咀嚼这一坚硬的纤维质结构。在海胆将巨藻的固着器"锯断"之后，巨藻的藻叶也就随着藻体死亡了，此时，海胆就会将目标转向下一株巨藻。

这些贪得无厌的红海胆是世界上最大的海胆，它们能在几天之内将一片巨藻林摧毁。科学家认为，致使当前这种毁灭性的带刺的食植动物数量膨胀式增长的原因，是海獭的种群数量下降。而海獭，就是这些海胆在自然界中屈指可数的天敌。

海獭有强劲的颌部和坚硬的嘴，因此即使海胆有棘刺和骨骼，海獭仍然可以嘎吱嘎吱地咀嚼海胆，它们通常从海胆棘刺最短的地方——海胆的底部——来攻击海胆。目前海獭正濒临灭绝，由此导致海胆的数量暴发性地增加，这一结果体现了海洋生态系统里随处可见的微妙的平衡关系。直到最近，巨藻林里的海胆数量才由于海獭数量的稍微恢复而得到了控制。

上图与右图：海獭是唯一一种能够用它们的前肢采摘或者抓取食物的海洋哺乳动物，它们可以潜入水中数分钟觅食。海獭还会用石头砸开多刺的海胆、带有硬壳的软体动物，例如鲍鱼，因此它们是这些动物的完美捕食者。

左图：图中看起来似乎很暴力的雌雄海獭间的打斗场景，实际上是海獭之间的求偶行为，这种行为有可能会导致雌性被咬伤一两个口子。

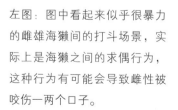

天上掉下"大馅饼"

　　海洋里的居民，不只有消费者——捕食者或植食性动物。食腐动物和分解者通过将海洋中的有机物质转化为能量，在海洋食物网中扮演重要角色。在加利福尼亚海域，一条死亡的豹纹鲨（半带皱唇鲨）沉入海底后，成为了加州龙虾（断沟龙虾）的食物，为它们提供了超过12天的食物。这条豹纹鲨的尸体也供养了我们肉眼看不见的细菌，这些细菌分解尸体所释放的营养又重新可以供养位于食物网最底层的浮游植物。

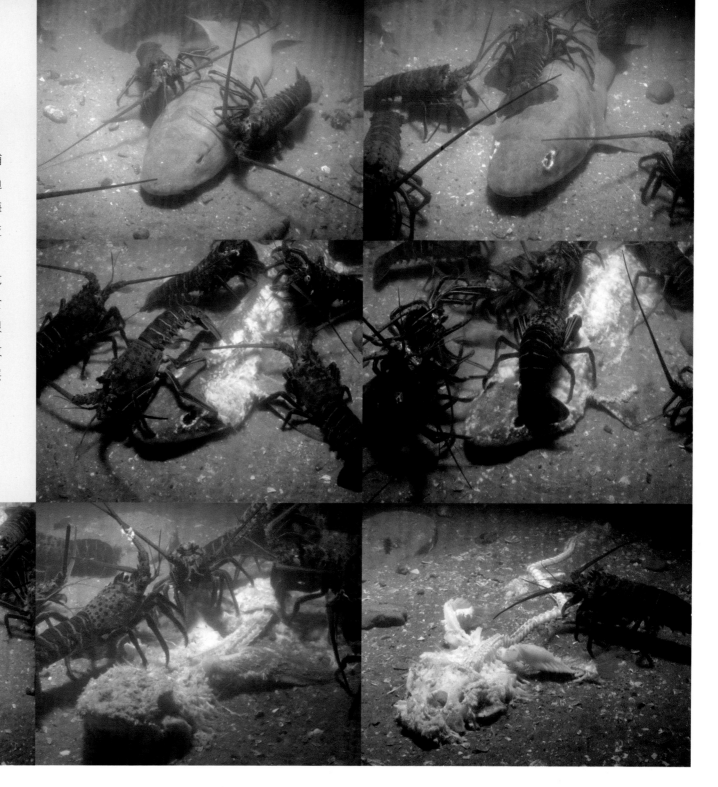

致命的"狮子"

红狮子鱼（魔鬼蓑鲉），鱼如其名，是一种其他鱼类都不想遇上的食肉动物，就如同狮子一样，连人类都对它们退避三舍。这是因为红狮子鱼的棘刺上有毒，一旦被棘刺扎到，伤者会感到剧痛。作为鲉科动物的一员，红狮子鱼和其他成员一样，毒液中含有一种影响肌肉和心血管系统的神经毒素。

红狮子鱼是生活在南太平洋和印度洋的土著种，或许由于人类有意或无意地将红狮子鱼从海洋馆中放入海里，导致这种鱼类成为了其他海域的入侵物种。

左图：一条狮子鱼单单它们的背鳍上就有12条或13条棘刺，使得它们看起来极具威慑性。它们也的确十分可怕；每条棘刺基部的毒腺都能产生剂量可怕的毒液。

图中的狮子鱼体型小巧，但却是致命的捕食者，它以小型鱼类和甲壳类动物为食。狩猎时，原本埋伏着的狮子鱼突然出击，将背鳍完全展开，把猎物逼得无路可退。紧接着狮子鱼以闪电般的速度用颌部一口把猎物吞了进去。这一切发生的时间仅仅用了不到1/10秒。

右图：红狮子鱼体长最大可达到38厘米（15英寸），但是它的胆子却更大，似乎对其他生活在珊瑚礁的捕食者毫不畏惧，是海洋中的独行侠。

新喀里多尼亚

斐济

澳大利亚

悉尼

新西兰

左图和上图：因为茅膏菜毛茸茸的触手末端有一些黏稠的液滴，看起来就像清晨的露珠一样，所以茅膏菜的英文名得名于此，含义为"日光下的露珠"。

食肉植物

　　新喀里多尼亚群岛位于西南太平洋，与冈瓦纳古大陆分离已有1亿年的时间。自群岛与古大陆分离之后，群岛上大量的开花植物独立演化，形成了特有种，构成了与大陆明显的景观差异。这些植物里有植物界运动速度最快的"捕食者"——新喀里多尼亚茅膏菜和猪笼草。

　　这些肉食性植物，之所以会以肉为食，是因为它们生长在贫瘠的土壤中。茅膏菜的"触手"末端长着带有黏性的毛，可以将昆虫抓住。茅膏菜的毛实际上是腺体，它们产生的消化液可以帮助它们消解猎物。而猪笼草捕食猎物的方式则是将昆虫引诱进它深深的囊袋内，囊袋内装着液体。一旦进入了这个陷阱里，昆虫就插翅难逃。

右图：图中这只昆虫位于猪笼草囊袋的边缘，正逐步向死亡的危险靠近。一旦它落入囊袋中，将被最终转化为矿物质溶液，为这株贫瘠土地上的植物提供营养。

棘手的入侵者

上图：地中海缨鳃虫（斯氏缨鳃虫）是一种不受欢迎的入侵者，它们通过挂在船体上，搭乘船只来到新的港口，并在此大量繁殖。

在全球航运发达的时代，跨越太平洋的旅行所产生的代价通常不是由旅行者自身付出的，而是由旅行者所来到的新环境里的原住生物付出的，因为这些土著种不得不腾出地方给新来的生物生活。有一种原本只生活在地中海的缨鳃虫，如今分布于太平洋的许多港口海域，它们跟随无数人类的运输船只，在全世界的大洋之间不断地交错穿梭。

缨鳃虫的触手细腻，排列着羽毛，第一眼看上去像是无害的动物，事实上，这些缨鳃虫正在太平洋的港口栖息地附近大肆破坏，而这些地方通常对它们并没有什么天然的防御机制。

缨鳃虫能够大量增殖，在海底形成一片缨鳃虫群，像厚厚的地毯一样覆盖住海底，挤占其他生物的生存空间。由此，缨鳃虫取代了原本生境里的土著滤食动物（例如软体动物和小鱼），将海水中珍贵的营养物质全部吸收。一条雌性缨鳃虫在一个繁殖季内能够产下多于5万个卵，由此我们能想象到缨鳃虫的入侵可以在多短的时间内对新环境产生灾难性的破坏。

左图：缨鳃虫生活在一根柔软而坚韧的栖管里，它的扇形结构（鳃冠）用于捕捉海水中的浮游生物颗粒，并运送到口中。

左图：一旦某处有缨鳃虫出现，那么这里就没有办法摆脱它们了。由于破碎的缨鳃虫体节仍然可以再生成为新的个体，因此唯一的方法就是将它们从固定在基质的基部去除。为了防止这些缨鳃虫再一次在海底扩散，潜水员们在去除缨鳃虫的时候必须保证将它们完整而完全地拔除并带离该海域。

漫游的爬行动物

要说加拉帕戈斯群岛最著名的居民，当属加拉帕戈斯象龟了。而加拉帕戈斯群岛之所以被命名为"加拉帕戈斯"（Galápagos），就是因为这种动物在西班牙语里，"galápago"是乌龟的意思。加拉帕戈斯象龟是世界上最大的陆龟，有的体重可超过400千克（900磅）。同时，加拉帕戈斯象龟也是世界上最长寿的陆龟。

加拉帕戈斯象龟可以在缺乏食物或者水的环境下存活6个月甚至更长，它们通过分解自身的脂肪来产生足够的水和养分。这种非凡的适应特征帮助它们度过了加拉帕戈斯群岛低地的干旱时期，但也导致这些象龟被捕鲸和捕海豹的猎人们大量捕捉。这些人需要经历长途航行，而象龟对他们来说是方便且新鲜的食物来源，因此他

上图：加拉帕戈斯象龟的食谱很多样，它们的食物包括仙人掌、草、叶子、地衣、浆果、甜瓜以及其他的水果，甚至包括从外界引入的番石榴。

墨西哥　　古巴

中美洲

委内瑞拉

哥伦比亚

加拉帕戈斯群岛 H　　· 基多

厄瓜多尔

上图与右图：行走在复杂的火山地形中对加拉帕戈斯象龟来说是小菜一碟。它们有规律地从干旱的低地爬到草木旺盛的高地，久而久之，在自然风景中留下了遍布足迹的小路。

们会捕捉象龟并把它养在船上，需要的时候再杀掉食用。这一行为不仅仅导致加拉帕戈斯象龟数量剧减，曾经在群岛上出现过的若干个亚种，也很快被捕捉灭绝了。

通常，加拉帕戈斯象龟为了觅食，会从位于群岛低坡的栖息地沿着破旧的小路漫步到火山高地。这里有象龟喜爱的丰富的水源和植物，包括一种被人类引入的高度入侵的番石榴物种，尽管它们是入侵物种，但是作为加拉帕戈斯象龟的食物来源，反而为维持象龟的种群起到了一定程度的作用。

然而，其他的入侵物种，并没有给加拉帕戈斯象龟带来积极的一面。如今，加拉帕戈斯群岛上剩余的2万只象龟正面临着老鼠、猪和蚂蚁贪婪地捕食龟卵所带来的生存挑战。此外，加拉帕戈斯象龟还要与其他外界引入的哺乳动物（例如山羊）竞争食物。尽管这些象龟对饥饿的耐受能力能够帮助它们生存下去，就像它们过去所做的那样，然而它们仍然需要保护，毕竟它们对这些危险的入侵生物缺乏与生俱来的防御能力。

鸟儿与龟

　　加拉帕戈斯象龟与某些种的加拉帕戈斯雀之间存在互利共生的关系，对于这些鸟儿来说，骑在象龟身上，更容易获得食物，这些食物就是象龟身上的、令象龟烦恼的寄生虫。这样互惠互利的活动一开始是由鸟儿们发起的，它们会面朝着象龟，用夸张的姿态跳来跳去。如果加拉帕戈斯象龟愿意让鸟儿到自己的身上来，它会站起来，将脖子和腿伸长，让鸟儿跳到自己身上，通常是让它们跳到那些自己难以触碰的地方，例如背甲和腹甲之间的皮肤。随后加拉帕戈斯雀就会一头钻进去，把寄生虫挑出来吃掉——但是它们的动作必须迅速，因为有些脾气暴躁的象龟会突然间趴下来，把措手不及的鸟儿压扁，然后将它们吃掉！

达尔文雀族

　　栖息于加拉帕戈斯群岛的这些生物中，与达尔文关系最为亲近的当属加拉帕戈斯雀了，虽然被叫做加拉帕戈斯"雀"，但是这些鸟儿并非真正的雀科动物，它们是由15个亲缘关系接近但不一样的唐纳雀物种所组成的一个类群，它们之间喙的形态差异很大，容易辨别。

　　当查尔斯·达尔文带着每个动物物种的标本回到英格兰时，科学家们第一次观察到了孤岛空间自我适应并演化的历程。每一种加

拉帕戈斯雀都有自己独特的喙部，这些雀各自适应了某种特殊的食谱或种子，因而它们的喙特化形成了当前的适应性结构。在加拉帕戈斯，所有的鸟类都演化自同一祖先，它们各自占据了不同的生态位——这便是物种分化过程的完美例证。这些小小的、不起眼的鸟儿们由此成为了适应性辐射的象征，也因此永远与令它们名声远扬的人联系在了一起。

左图与右图：大约在两三百万年以前，居住在加拉帕戈斯群岛上的鸟类祖先演化成了如今的达尔文雀。这些达尔文雀有相似的羽毛、交配行为和筑巢习性。不过，由于这些雀的喙部形态和大小存在差异，因此它们的食物并不相同。人们认为这种生态位分化非常成功，因为加拉帕戈斯的旱季食物十分稀缺，而这样的食性差异能够帮助它们在旱季存活下来。

古老的海洋生物

加拉帕戈斯群岛是全球物种特异性水平最高的地方之一，群岛上的爬行动物和陆生哺乳动物中有97%是特有种——在全球仅分布在一个区域而未在其他地方出现过的物种。海鬣蜥是其中一个典型的例子，这是一种生活在陆地上的爬行动物，它们会潜入海底觅食藻类，可以潜到海水表面以下超过9米（30英尺）的深度。

无需惊奇，海鬣蜥已经演化出适应两栖生活习性的身体结构，它的爪子很长、四肢强壮，可以帮助它在水下抓住岩石，而不被沿海的洋流和海浪冲走。

左图：加拉帕戈斯群岛的海鬣蜥是世界上唯一一种潜入海中觅食的蜥蜴。在潜入冰凉的海水之后，这些海鬣蜥会回到岸上晒日光浴，驱除海水带来的寒意。

右图：海鬣蜥在海水中觅食藻类，为了将体内过量的盐分排出，它们具有一种神奇的适应能力。海鬣蜥特殊的鼻腺能够把血液中的盐分滤出，接着海鬣蜥便用"打喷嚏"的方式把这些盐分喷出来。这就是为什么每一只海鬣蜥头上总装饰着一顶白色的"帽子"——这些都是它们从体内排出来的盐。

尽管加拉帕戈斯群岛附近的太平洋海水相对来说凉爽舒适，但是海鬣蜥并不能在水中停留太久，因为它们的体温会因此降得过低。作为爬行动物，它们依赖于外部热源提供温度，因此在下一次进入海中觅食之前，它们必须回到岩石上晒太阳，而它们深色的皮肤能够帮助它们吸收太阳辐射到赤道的能量。入水觅食后回到岸上的海鬣蜥会相当困乏，此时是它们最脆弱的时候，容易被捕食，但是海鬣蜥在自然界中几乎没有天敌。

目前海鬣蜥的天敌是加拉帕戈斯群岛上的入侵动物，例如猫和狗以及气候事件，如厄尔尼诺现象。厄尔尼诺现象会造成当地的水温升高，从而影响海水中藻类的生长，进而影响到海鬣蜥赖以生存的食物来源。

右图：海鬣蜥已经适应了这种独特的水下觅食习性。它们细小的牙齿十分靠近颌部边缘，能够有效地啃食短小的海藻，而它们带爪的足能牢牢地抓住底质，防止身体被潮水涌浪冲走。

海鬣蜥自己能调节体温。如果周围温度太高，它们会站起来，将身体远离吸收了太阳能量而温度过高的深色岩石。

当厄尔尼诺现象产生，导致海水表面温度升高、海水中的营养物质减少时，海鬣蜥平日里进食的海藻也会受到影响，因此厄尔尼诺气候格局对海鬣蜥的影响很大。

岛屿探险

如果在加拉帕戈斯群岛上拍摄的过程中，《大太平洋》摄制组一次都没有见到岛上特有的动物的话，那对他们来说这就不算一次完整的探索经历。只有见到了这些在孤岛上演化而出的物种，拍摄工作才算圆满。理查德·伍拉科姆也是摄制组的摄影导演，他在加拉帕戈斯群岛上已经工作了25年以上，对这里十分了解，因此对摄制组来说，伍拉科姆是为节目探索此地的理想人选。但即使如此，大自然对熟悉它们的人仍会展现出陌生的一面，摄制组在探险过程中依然遇到了挑战。

伍拉科姆是经验丰富的潜水员与水下摄影机操作员，但是在为《大太平洋》拍摄加拉帕戈斯海鬣蜥水下觅食行为的过程中，他遇到了一只他再也不想遇到的幽灵。

据伍拉科姆解释，在拍摄海鬣蜥觅食场景的过程中，他们需要前往一处颇受海洋生物喜爱的场所，这里也是一条2米（6½英尺）长的雌性公牛真鲨经常出没的地方。在先前一次拍摄过程中，伍拉科姆遇到了这条充满攻击性的鲨鱼，而令他从鲨鱼口脱险的是他的安全潜水员，成功帮他挡开了鲨鱼的攻击。当然了，伍拉科姆随后又谨慎地回到了同样的地方，那条脾气暴躁的鲨鱼果然还在那儿，在海岸线的同一片区域来回游荡。幸运的是，这条鲨鱼没有对他们发动第二次攻击，或许它已经满足了好奇心，亦或许它不太喜欢湿衣的味道，摄制组的录制工作这才顺利地完成了。

左一图：阿尔塞多火山活跃的喷气孔创造出了令人回味的原始风景。

左二图：加拉帕戈斯鹰（加拉帕戈鵟）是自然界里少有的象龟捕食者之一，但是它们只捕食非常年幼的象龟。

而摄制组在伊莎贝拉岛的阿尔塞多火山坡上的一次拍摄，也遭遇了类似的一次令人不安的事件，尽管事件的原因不同。阿尔塞多火山有着群岛中数量最多的加拉帕戈斯象龟，这里为摄制组提供了理想的录制象龟古怪的摄食习性的场所。

象龟们坚持不懈地爬上火山坡，寻找生长于高海拔地区的茂盛植被，于是就有了这些原始的动物爬过冒着硫黄蒸气的蒸气孔的画面，这些画面被及时传送给录制者。

阿尔塞多火山依然十分活跃，火山上的岩石含硅量很高，人们认为如此高的含硅量会使阿尔塞多火山产生比加拉帕戈斯群岛上的其他火山更猛烈的喷发现象。阿尔塞多火山的最近一次喷发是在1993年，而其最重要的一次喷发事件发生于10万年前，那次事件几乎消灭了阿尔塞多火山上的所有象龟。

伍拉科姆知晓阿尔塞多火山的危险性，因此多少有些神经紧绷，尤其是当摄制组在火山上拍摄期间，地面又恰巧发生了震颤——这是火山活动的前兆。

"当我们来到火山口的边缘，我注意到与我上一次2007年来这里相比，这次火山冒烟更为活跃。随后的震颤无疑丰富了我观察的内容，激发了我的想象力。站在硫化区，令人感到相当不安，毕竟我们想着它可能会随时喷发。是的，这种可能发生的概率很小，但是如果它发生了，我们肯定无法及时逃脱。"

尽管伊莎贝拉岛存在潜在的不稳定因素，然而伊莎贝拉岛在人们的呼吁下成功得到了保护。和其他加拉帕戈斯群岛的岛屿一样，伊莎贝拉岛一直以来都受到入侵物种的影响，例如老鼠和猪的肆意破坏。20世纪下半叶，岛上的野羊数量激增，几乎消灭了象龟所依赖生存的所有小树和灌木。于是在20世纪90年代，人们推行了旨在消灭这些有害生物的项目，并且在2002年之前成功地解决了岛上的山羊问题，由此植被得到恢复，这些植被构成了象龟食谱的大部分内容。

右图：伊莎贝拉岛上居住着最大的加拉帕戈斯象龟种群，如今阿尔塞多火山口上绿草丛生，是加拉帕戈斯象龟们的天堂。

加拉帕戈斯群岛

　　加拉帕戈斯群岛横跨赤道，距离厄瓜多尔海岸约900千米（563英里），由一群火山岛组成。加拉帕戈斯群岛的著名之处在于它与进化论的联系。博物学家查尔斯·达尔文在1835年来到了加拉帕戈斯群岛，在这里他进一步思考并发展了自然选择学说，并且为该科学领域作出了贡献，这不仅改变了我们对演化的理解，也改变了人类看待自身与自然的关系的方式。

　　然而自达尔文拜访加拉帕戈斯群岛近两个世纪后，这里却在与人类的活动作斗争，这都是加拉帕戈斯群岛独有的野生动物所带来的名声所致。每年，来访加拉帕戈斯群岛的游客数量都在增长，在2014年，游客人数创下了215 691人次的新高。讽刺的是，旅游业给当地陆地和海洋资源带来的压力正在威胁着这里特有的环境和野生动物。从交通工具到入侵病毒，多种多样的人类影响把当地的动物变成了受害者，而水与陆地的污染也破坏了一度纯净的栖息地。曾经给达尔文带来巨大启发的红树林雀，数量已经减少到仅剩100只左右了。我们很难想象如果达尔文看到这一场景的时候会说些什么。

　　可是，人类本身和他们的副产品并不是岛上生物要面临的唯一危险；随着人类到来的还有一批令人意想不到的入侵大军。大约在两个世纪之前，捕鲸人将外界的哺乳动物，例如老鼠、猪和山羊，引入了加拉帕戈斯群岛，直到现在这些动物还在给当地的保育工作制造麻烦；现在，搭乘人类的船只和飞机来到群岛上的无脊椎动物，例如蚂蚁和外界的海洋生物，也在威胁着加拉帕戈斯脆弱的生态系统。未来，我们还无法确定人类是否能够平衡经济发展和环境保护之间的关系，但是有一点是毋庸置疑的——若要让加拉帕戈斯群岛的生态延续下去，我们人类必须伸出援手。

在干旱或半干旱的条件下，加拉帕戈斯群岛上的植被可能只剩一些耐旱的植物能存活，例如仙人掌，这也是加拉帕戈斯象龟非常喜欢的食物。

利维坦①

自从挪威探险家托尔·海尔达尔与他乘坐的"康提基"号木筏完成了他史诗般的太平洋之旅后，鲸鲨这一物种一举闻名，引起了大众对它的无限遐想。鲸鲨的名字源于它的体型，它是世界上最大的鱼类，在全世界的温带和热带海域漫游。它们最常出现在有上升流的温暖海域，因为上升流为它们提供了丰富的浮游生物资源。

鲸鲨和它们的远亲蝠鲼一样，也是滤食生物。它们大部分时间都在靠近海面的地方游动，张开它们没有牙齿的深渊巨口在海水之中穿梭。如此一来，鲸鲨在一个小时内能过滤6000升（1585加

① Leviathan，《圣经》里的海中怪兽。——译者注

仑）的海水，将浮游生物，例如磷虾以及小鱼用鳃耙截留在口中，就像过筛一样。

鲸鲨或许是太平洋里的终极漫游者了。研究人员发现，他们所追踪的鲸鲨个体穿越了太平洋的大片海域，路程长达上万千米。然而，人们对鲸鲨的生活史知之甚少。它们的寿命有多长？它们自出生之后多久才性成熟？它们的繁殖地在哪儿？无人知晓。它们可能生长缓慢，繁殖周期也很长。同时，它们还面临着来自亚洲市场的威胁，亚洲市场对鱼翅的需求极高，鲸鲨的鱼鳍是鱼翅汤的原材料之一。因此鲸鲨被列为"易危"的保护动物。

左图与上图：鲸鲨的体长可达12米（50英尺）。鲸鲨的体表呈蓝灰色，上面有白色的斑点，身上的皮脊、巨大的背鳍，这些都是能让人一眼就能识别的特征。

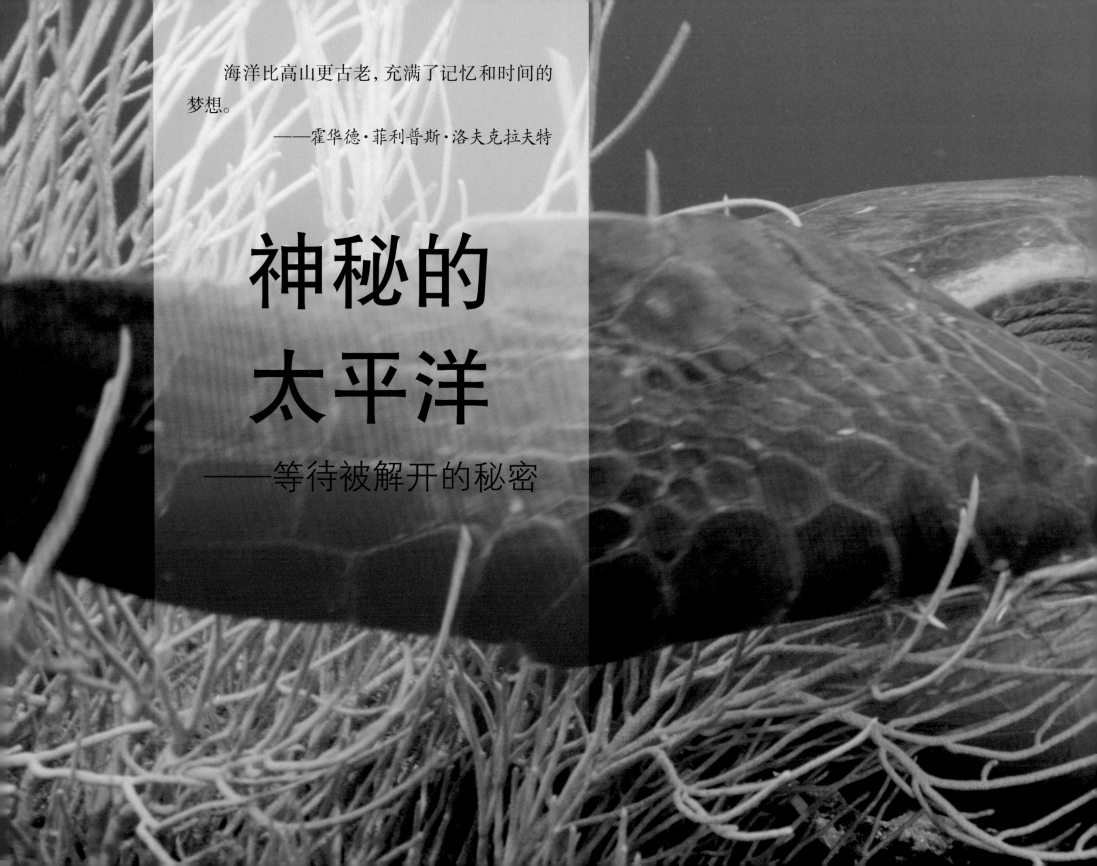

海洋比高山更古老，充满了记忆和时间的梦想。

——霍华德·菲利普斯·洛夫克拉夫特

神秘的
太平洋

——等待被解开的秘密

我们渴望揭开太平洋的神秘面纱，但她并没有那么轻易地放弃她隐藏的秘密。

这是一个众所周知的道理，我们对火星表面的了解比我们对海洋深处的了解还要多，海洋中的绝大部分对我们来说都是禁区。相反我们对窥探陌生的世界充满了好奇心，我们在渔网中挖掘或者用遥控潜水器（ROV）捕捉到令人吃惊的光——这些奇怪的生物就像它们来自的地方一样不为人所知。

我们必须等待太平洋向我们揭示它的奥秘。河鲀的精湛技艺是一个如此严防死守的秘密，直到现在才初见端倪；玻璃海绵的隐形存在则是另外一个秘密。此外还有许多谜底在等待解开。海龟是如何在海洋和时间中精确定位的？鲨在灭绝了这么多其他物种的事件中是如何幸存下来的？古代的人们对海洋和它的居民有什么了解呢——我们可以从中学到什么？

我们不要忘记海洋是人类祖先从数百万年前就开始进化的摇篮。尽管我们现在可能认为自己是水世界的主人，它不仅孕育了我们，也孕育了所有生命，我们仍有很多东西要从中学习，我们越忽视对海洋的影响，我们在地球上的地位就会越渺小。

事实上，我们人类对浩瀚的太平洋只做了肤浅的研究。在它的波涛之下，有许多奥秘在等着我们去揭开。

左图：距哥伦比亚西部500千米（310英里），陡峭的岩石柱形成了马尔佩洛岛，一直延伸到马尔佩洛山脊。

海龟潮

在哥斯达黎加的雨季，通常大约是在弦月开始的时候，地球上最特别的自然现象之一正在该国西北部的一个海滩上发生——那就是太平洋丽龟的到来，或称"阿里巴达现象"。

没有人知道是什么样的神秘召唤，促使成千上万只雌龟在同一时间聚集在一起，有些甚至来自千里之外。或许是月球周期启动了它们的旅程，亦或许是它们对内在动力的响应。

我们的确知道海龟如何作出反应，它们一直等到时机成熟，才会从海里来到沙滩上。

右图：海龟只在全球范围的少数几个地点产卵，雌性海龟会返回它们的出生地产卵，此时可能距离它们出生已有十年的时间了。它们是如何追溯自己在海洋中漫游的航线回到这一地点的？至今依然是个谜。或许答案的线索在于水中的化学物质，或是与地球磁场有关。

右图：太平洋丽龟又名"榄蠵龟"，得名于其橄榄色的心形背甲。丽龟的背甲也是所有海龟中最小的。它的壳最长达65厘米（2英尺），最重达45千克（100磅）。丽龟是杂食性动物，它们可以潜到水下约150米（500英尺）的深度以摄食各种食物，包括海藻、海草、软体动物、甲壳类动物和鱼类。

由于在海洋中经历了长途跋涉，因此丽龟们常常累得筋疲力尽。它们在涨潮时爬上海滩开始用后肢在沙滩上挖洞——人们认为它们根据闻到沙子里盐味的强烈程度，决定它们产卵的确切位置。挖掘过后，每只海龟每窝产下大约100个卵，并将它们盖住，才返回大海，在返程途中它们经常与成群结队前来产卵的海龟搏斗。

早来者往往是后来者的牺牲品，或者说迟来的海龟不可避免地要挖掘已经埋在海滩上的其他龟卵。在奥斯蒂奥纳尔野生动物保护区内也有许多捕食者，包括黑美洲鹫和野狗，它们急切地盼望着后来海龟的到来，等待贪婪地进食这些被挖出来的卵的机会。

大约50天后，同样的捕食者会排队准备迎接另一类猎物的出现：在混乱的海龟自相踩踏、食腐动物捡漏和人类采挖的过程中幸存下来的卵而孵化出的小海龟。

小海龟面临着另一种挑战，甚至比它们母亲所遭受的还要更令人心酸。就像它们的母亲被迫离开它们一样，它们被神秘的力量所驱动，向着大海爬去。当这些小海龟向大海爬行时，它们被野狗、黑美洲鹫和海鸟捕获。一旦进入大海，捕食者如大型鱼类和鲨鱼同样在等着它们。因此海龟从卵到成年的存活率估计只有1%，考虑到上述原因，这样的结果就不足为奇了。

上图与右图：丽龟在沙滩上挖一浅窝，然后把它们的软壳卵产入其中。在头两天产下的卵的孵化机会微乎其微，因为它们经常被紧随其后的其他海龟挖出来。

左图：孵化出的小海龟出于本能直接奔向大海，驱动它们冲向大海的力量就像它们的母亲对产卵的海滩有着敏锐的方向感一样神秘，但在进入大海之前，它们都必须先面对捕食者的挑战，而即使进入大海，其他捕食者也在海洋中等待着它们。

右图：在奥斯蒂奥纳尔野生动物保护区，当地居民可以合法地采挖丽龟卵，并用于商业销售和自身消费。尽管有争议，但这一做法受到了监管，其部分收益用于支付海滩和海龟的保护费用。尽管有成千上万的卵被采挖，但这些卵仅仅是阿里巴达现象发生的头两三天——即早先到达沙滩的丽龟所产的卵，研究表明这些卵相比后来的丽龟所产的卵，孵化的可能性要低得多。

龟冢

　　在马来西亚西巴丹岛的附近海域可以看到几种海龟，但在岛屿的深处，却是另一类海龟聚集地，这里是一处迷宫般的石灰岩洞穴，许多海洋爬行动物的遗骸长眠于此，像坟墓一样。确切地说我们并不清楚海龟们是如何丧命于洞穴中的，尽管很可能这些动物只是在这儿找不到出去的路。

海龟滩

多年来，"亲眼目睹哥斯达黎加丽龟的阿里巴达现象"一直列在斯科特·斯奈德的个人"愿望清单"上，在此期间它也成为了《大太平洋》项目的一部分。虽然这一事件的规模和戏剧性并没有让人失望，但摄影导演并没有为这次经历的情感影响做好应有的准备。

斯奈德在他的故乡南卡罗来纳州的海龟保护活动中异常活跃。在哥斯达黎加，当看到雌性丽龟奋力挣扎着到达海滩、在海滩上爬行，通常互相踏着其他雌龟的身体，并在沙滩上挖沙产卵时，斯奈德对龟卵即将招致的捕获量感到惴惴不安，这一点是可以理解的。

数十年来当地居民一直聚集在奥斯蒂奥纳尔野生动物保护区采挖龟卵。研究表明在丽龟到达的头两天所产的卵的孵化机会很小，所以政府允许居民在这段时间里采挖龟卵——这是哥斯达黎加唯一合法采集龟卵的地方。尽管如此，斯奈德还是努力使自己接受大规模的采挖场面，要知道这可是成千上万个丽龟卵啊。

斯奈德说，"作为一个极力拯救美国和世界上许多其他地方的海龟巢穴的人，即使科学理论上说可以，但当我看到人类的采挖行为的时候还是难以接受。"

更让人难以忍受的是这些居民养的狗和野狗们，它们贪婪地在沙滩上采挖，在吃掉能发现的任何龟卵的同时，还毁掉了其他的卵。这些捕食者是最近才加入捕食龟卵名单的成员，它们共同受益于海龟带来的资源。它们的采挖也将更多的龟卵暴露出来，提供给黑美洲鹫等机会主义者更多的捕食机会。这些鸟一直以来都是海龟的自然界天敌，但它们只能靠捡取海龟未覆盖的卵为食。然而这些狗有效地增加了这些鸟的自然捕食范围，因为狗把更多的海龟巢穴暴露了出来。

斯奈德说："客观地讲当一只丽龟完全处于自然和野生条件下时，被捕食的概率也是相当高的。""也就是说，当看到家养的动物吃掉数百只卵和幼体时我是无法接受的，而所有这一切我是不能干涉的。我必须记住，记录正在发生的事情是我的工作。我能做的最好是退后一步，拍下照片，然后讲出这个故事，而不是驱赶这些犬只。只要带回令人信服的图片，我就能用更有力的方式来讲述这个故事。"

海龟

　　世界上共有7种海龟，所有的海龟都面临着严重的威胁，最近世界各地海龟的种群数量都在急剧下降。这种情况可能是由非法捕捞，栖息地退化以及渔网误捕致死所造成的。海龟在许多地方都受到法律的保护，但它们的外壳、皮肤和卵仍然出现在黑市交易中。雌龟在筑巢时特别脆弱，而挖取龟卵是全世界面临的普遍问题。采用相对便宜的改造方法，比如在渔网上安装海龟隔离装置——有一开口允许海龟逃生，这样可以使许多渔网更加安全，大大减少了渔业误捕对海龟的伤害。

活化石

鹦鹉螺第一次登场，是在大约5.5亿年前的化石记录中，它们是一群已灭绝的头足类动物的近亲，这群已灭绝的动物和鹦鹉螺一样带有分室壳，被称为"菊石"。鹦鹉螺还与章鱼、鱿鱼和墨鱼有亲缘关系，但它是当前唯一拥有坚硬外壳的头足类动物。

"头足类动物"一词意在描述这类动物的脚直接附着在其头部，对鹦鹉螺而言，是指其触手。珍珠鹦鹉螺有大约90条小触手。与章鱼和鱿鱼的腕足不同，鹦鹉螺的触手没有吸盘，而是依靠一系列的沟和脊来抓住猎物，在不游泳时，它们会用触手紧紧抓住岩石。

鹦鹉螺吃的是小型甲壳类动物和鱼类，也吃死的动物。它通常出现在海底或珊瑚礁附近，深度最深达500米（1650英尺）。它的壳由多达30个的小腔室分开，每个腔室有小管相连，通过释放腔室里的气体，鹦鹉螺可以保持直立和控制浮力。

古菊石化石是世界上发现的大量化石中的一类。这些动物在大约600万年前的大灭绝事件中消失了，大灭绝事件可能是一颗大彗星或小行星撞击造成的，这次事件使世界上75%的植物和动物物种都灭绝了。奇怪的是，鹦鹉螺是唯一能在这次大灾难中幸存下来的菊石近亲。其存活下来的一个可能原因在于它的繁殖策略，因为鹦鹉螺在其整个生命周期中，都在小批量地产卵，将卵产在靠近海底的地方，它也以这里的各种小生物为食。人们认为，其他的菊石是滤食动物，而且只有在它们的生命结束时才在开阔大洋产下一大批卵，这些卵后来形成了靠近海洋表面的浮游生物的一部分。外来星球的致命撞击之后，漫长的冬季杀死了菊石的食物来源和产卵场，而鹦鹉螺受到双重保护，因此鹦鹉螺相对不受影响，仍然能够摄食和继续繁殖。

上图：鹦鹉螺近亲的化石——菊石，曾经广泛分布于世界各个海洋中。

左图：鹦鹉螺只有原始的眼，没有角膜或晶体。人们认为它主要依靠嗅觉来探测猎物，并通过触觉来探测水中的障碍物。

鲎滩

　　鲎是远古时期的神秘幸存者，它的进化早于恐龙，甚至早于开花植物。和鹦鹉螺一样，它在那次夺走了许多其他生物生命的大规模灭绝事件中幸存了下来。世界上只有四种鲎，它们在现代动物群的万神殿中拥有独特的分类等级。

　　鲎被称为"马蹄蟹"，但它们并不是真正的螃蟹，事实上它们与蜘蛛和蝎子的关系要比我们通常认为的甲壳类动物更加紧密。和螃蟹一样，它们也有外骨骼或外壳，但与螃蟹不同的是，它们的壳是由几丁质和蛋白质构成，而不是钙。仅在生命的第一年一只幼鲎就已蜕皮五六次。它需要七年的时间才能达到成体的大小。

　　中国鲎分布于西太平洋，特别是在中国和日本沿海一带。在繁殖季节，成年鲎从更深处的海域迁到温暖的近岸海域。在这里，雌鲎来到沙滩上，分几次产卵，产卵量在60 000~120 000个之间，与此同时，雄鲎紧紧贴住雌鲎的背部，给卵受精。

　　在整个冬季，孵化出的鲎幼虫都待在巢穴中，由卵囊中的卵黄

上图：中国鲎有六对分节的附肢。它的身体可分为三个部分：头胸部、较小的腹部和尾部，有了这样的结构，即使它的腹部被翻转向上，也可以转身恢复成正常姿态。

中国鲨

在命运的捉弄下，这一适应进化的终极例子现在却面临着最严峻的生存考验。尽管中国鲨于1928年在日本海域开始得到保护，但污染、过度捕捞和栖息地破坏一直都是造成中国鲨种群数量严重减少的原因。香港城市大学的研究人员为了维持这一物种的生存，在鲨最脆弱的生命阶段培育它们，从幼虫阶段一直到幼鲨阶段。学生们也参与进来，帮助年幼的中国鲨放归野外。希望通过这个项目，这些学生们能够成为保护该物种的倡导者，并帮助保护这一物种的未来。

维持着生命。到了夏天，幼体在涨潮时会被埋在沉积物中，但低潮时，它们会出现在沙土和泥滩上，摄食被冲刷裸露出的小型贝类、蠕虫和藻类。只有成长至成体，鲨才会游向更深的海域。

鲨对海岸栖息地的依赖不仅是为了自身繁殖，还为了后代幼虫的生长发育，这也使得鲨更容易受到人类社会普遍发展的影响，这些发展对太平洋沿岸地区造成了环境破坏。鲨第一年的存活率只有万分之一，种群数量的减少也使得鲨的繁殖伴侣很难在近岸海域找到彼此。

上图：香港城市大学的研究人员在培育幼鲨，培育期从受精卵阶段一直持续到幼龄阶段，帮助鲨在这一脆弱的生命中提高成活率。

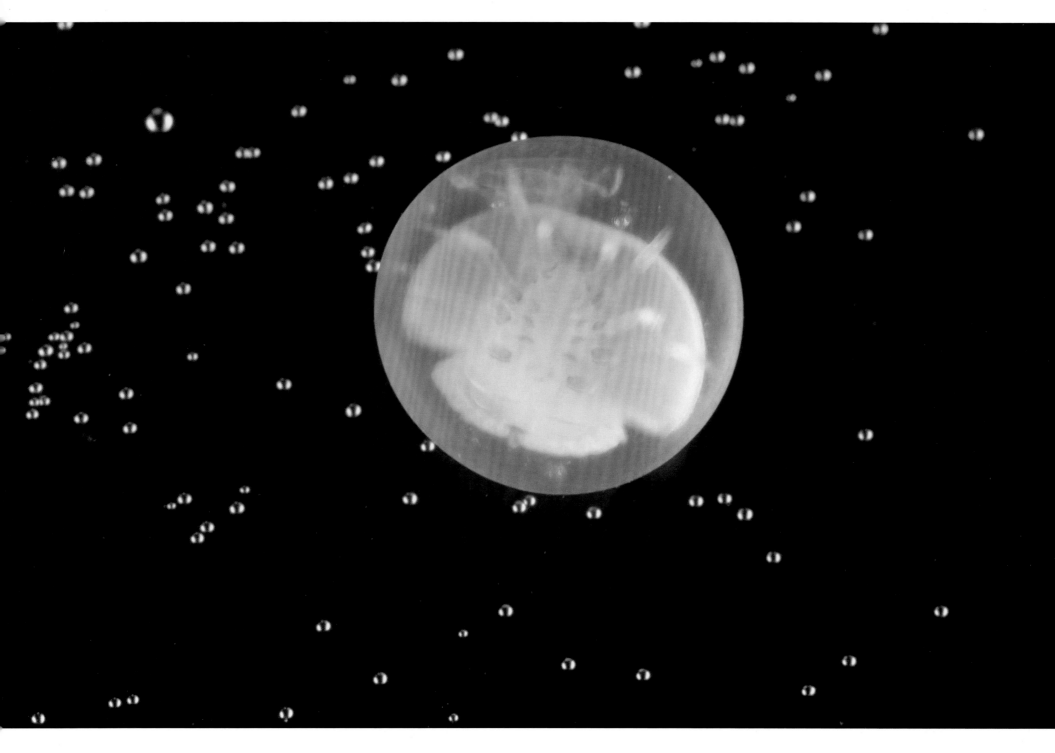

海岸边的生物

中华白海豚栖息于中国南部和澳大利亚北部的海域，是生活在近海海域、具有一些独特特征的物种。

中华白海豚的幼崽出生时体色呈深灰色，但随着年龄的增长，白海豚的皮肤颜色变得越来越浅。成年后，一些种群的皮肤是白色，而另一些种群则呈明显的粉红色——这可能是由于它们靠近皮肤的血管高度发达所致。它们生活在浑浊的沿海海域、河流三角洲和河流入海口，没有人知道为什么这种适应机制会在海洋哺乳动物身上取得成功。

中华白海豚和它们的远洋表亲不同，白海豚只频繁出现于浅水区，游速中等。然而，它们的胆量惊人，人们曾目击过它们驱赶甚至杀死鲨鱼。中华白海豚通常生活在以10头或更少个体组成的群体中，其中雌性在10岁左右才会性成熟，而且每3年左右才会产下一头幼崽。这意味着中华白海豚的种群数量恢复缓慢——它们现在正面临着诸多威胁，而此时种群的整体恢复力是影响种群延续的一个重要因素。

左图：成年的中华白海豚体色呈白色或粉红色，但它们出生时体色呈深灰色，它们的皮肤颜色随着它们的生长而变化。因此尽管我们称它们为"白海豚"，在这里却看到了两头灰色的白海豚。

中华白海豚

　　中华白海豚的数量正在迅速减少，原因之一是沿海地区的经济快速发展，填海造地、大型工程项目建设和污染，影响了白海豚的栖息地。渔业活动是另外一种威胁，因为白海豚会被渔网缠住致死。不断升级的航运活动增加了它们被碰撞的风险，而来自海上交通和建筑活动的噪音干扰了海豚捕猎和交流的能力。一些小种群，例如中国香港海域和中国台湾西海岸海域的中华白海豚种群，被认为是极度濒危的种群，除非人类采取强有力的保护措施，否则这些种群很可能会灭绝。

拉撒路①龙虾

在18世纪，当欧洲人第一次登上距离澳大利亚东海岸600千米（370英里）的豪勋爵岛时，他们对在那里发现的巨大而不会飞的昆虫感到惊讶。官方称它为豪勋爵岛竹节虫，但由于其惊人的大小——雌性的体长可达12厘米（5英寸），因此它的俗名被称为"树龙虾"。

1918年，人类偶然将老鼠引入豪勋爵岛，导致豪勋爵岛竹节虫种群在两年内消失了，这一物种的故事似乎至此戛然而止。然而，80年过去了，一个令人惊讶而又充满希望的发现出现在了柏尔的金字塔岛，这是离豪勋爵岛23千米（13英里）远的一个不适宜居住的火山岛：这里有一小群豪勋爵岛竹节虫，其中有24只生活在一丛小灌木中。

左图：在没有哺乳动物捕食的豪勋爵岛上，豪勋爵岛竹节虫在与世隔绝的状态下演化而成。它在豪勋爵岛上不仅能够填补哺乳动物在世界其他地方所占据的生态位，还能够承担巨大的身体比例。在老鼠到来之前它的体型、缓慢的步态和不会飞的特点并不会给它带来麻烦。

---

① 拉撒路是圣经人物，被耶稣从坟墓中唤醒复活。拉撒路效应是指一个生物体在化石记录中消失了很长时间后的突然重新出现，好像死而复生。——译者注

柏尔的金字塔岛比豪勋爵岛小得多，但是它与豪勋爵岛一样，是一座古老火山的遗迹。它比帝国大厦还高，高耸，陡峭，从海上直冲而出，像一座玄武岩冰山。露出地面的部分没有树木，只有一种灌木以及一些草，事实上整个现存的豪勋爵岛竹节虫种群的活动范围就限制在一块180平方米（1938平方英尺）的地方，这里有足够的水分和庇护所，换句话说，柏尔的金字塔就是由岩石构成的裸露小岛。

这是一次幸运的发现。有了这个小小的种群，将豪勋爵岛竹节虫引入原始栖息地的圈养繁殖计划才得以实施。然而，这种不会飞的昆虫是如何从21千米（13英里）外的地方顺沿着开阔海洋来到柏尔的金字塔岛的？该问题至今悬而未决。

一种可能是，最初的豪勋爵岛竹节虫种群通过附着在大量的植被上，顺着海浪漂到了柏尔的金字塔岛，尽管这些旅行者们随后还要顺着陡峭的岩石向上攀登，才能到达唯一能够生存的地方。另一种可能是，在某段时间内海鸟的身体携带了个别竹节虫，并曾经在岛上停歇过。还有一种更有趣的可能是，当地渔民曾经拿豪勋爵岛竹节虫当钓鱼的诱饵，但这些昆虫不知何故逃脱了他们的鱼钩，在柏尔的金字塔岛上找到了庇护所。不过，答案很可能永远都是只属于太平洋的秘密。

上图：在发现了柏尔的金字塔岛种群后，人们在那里收集了两对能够交配的豪勋爵岛竹节虫以便进行圈养繁殖。这些昆虫后来又被重引入了它们原来的家园。

右图：豪勋爵岛竹节虫的幼体是亮绿色，蜕皮后随着年龄的增长体色会变黑。它们是典型的夜行性动物，也是地地道道的植食性动物。

完美的圆圈

　　在浩瀚的太平洋中，有诸多自我展现的奇迹，白点窄额鲀的惊人工程便是一例。

　　故事始于1995年，当时潜水员在日本海岸外的海底发现了直径达2米（6½英尺）的精致圆形图案。就像麦田怪圈一样，这些几何图案神秘地、奇迹般地出现，结构完美。错综复杂的中心周围环绕着圆形，由一系列仿佛雕刻般的、放射状排列的山峰和沟壑组成。

　　直到2013年科学家们才发现，这些图案的创造者是一种小型

上图：白点窄额鲀的体长7—8厘米（3英寸），而它创作的工艺品直径可以达到其体长的25倍，因此与它的工艺品相比，白点窄额鲀显得微不足道。

欣赏水下艺术品

对摄影导演彼得·克拉格来说，拍摄《大太平洋》过程中有一个亮点，那就是摄制组在日本海岸拍摄到了一种新发现的河鲀。

直到一两年前人们才发现，白点窄额鲀就是在海底创造了复杂的圆形结构的动物，而如此非凡的筑巢行为，此前电影制作人只捕捉到一次镜头。克拉格和他的同事厄尼·科瓦奇瞄准了一个机会，可以用一种不常在水下采用的方式捕捉到它——这是一种完全静态的拍摄方式，直接从上方拍摄，以显示巢穴完美的对称性。

"我们本可以直接在巢穴的上方举着摄影机，"克拉格解释道，"但在水下我们永远无法保持完全静止。一个完全静止的水下镜头所拍出来的质量是完全不同的，但这就是我们想要达到的效果。"

克拉格他们的解决方案是制造一个大型的三脚架，然后将它放置在几个窄额鲀的巢穴上方，最终得以完成拍摄。由此产生的图像有一种近乎缥缈的画质——用来献给这种了不起的、充满艺术性的鱼再恰当不过了。

的、不同寻常的河鲀，随后科学家们发现它其实是一个新物种。这位谦逊的艺术家展现出了自然界最引人入胜的雄性筑巢行为之一，因为圆圈的完美程度是决定雌性选择配偶的最重要的因素。

雄性在一周或更长的时间内通过扇动它们的鳍，用身体挖洞，用下颌铲土，来雕刻它们的水下艺术作品。它们甚至可以零星地用一些小小的装饰品，如贝壳或小石头，点缀巢穴。

这些鱼在保护圆圈的过程中就像它们在创造的过程中一样挑剔，它们小心翼翼地将任何威胁到美感的海洋碎片用嘴移走。它们也必须保持警惕，保护圆圈免受潮汐变化的影响，不断地通过繁忙的工作以重新界定它的高度和轮廓。

科学家们推测巢穴对潜在伴侣的吸引力在于其优越的设计和令人愉悦的外观。当一条雌性去参观圆圈时，雄性会在圆圈的中心搅动沙子，如此做法或许是为了展示他的成就。如果雌性对他感兴趣，她就会进入这个圆圈，而雄性则通过从外周冲进来对她进行伴攻。倘若有雌性愿意，她就会在圆圈中心产下她的卵，而雄性则不断地边咬她的嘴，边给卵受精。此后，雌鱼不会承担任何责任，她把一切推给雄鱼，雄鱼则扇动着鳍，搅动鱼卵，并赶走任何可疑的捕食者。

上图：雄性白点窄额鲀创造艺术作品的过程中是很有条理的，它们挖掘沙子，建造出向外辐射的沟壑，还会添加装饰品，并且去除阻碍物，整个过程充满活力。

宗教圣地

在密克罗尼西亚的某个角落里，有一处古老的石城，名为"南马都尔"，这里简直就是一座由太平洋建造而成的巨石建筑。这是一个强大的政治王朝的神秘遗迹和重要的宗教仪式所在地，它由90多个人工小岛组成，小岛的材料由珊瑚礁构成，顶部是巨大的玄武岩结构。这里的运河网络将岛屿连接了起来，但是750 000公吨（827 000吨）的石头在没有任何滑轮或杠杆的情况下究竟是如何被运送到现场的，这一直是一个谜。

考古学家认为波纳佩岛的居民早在公元500年就开始用石头和珊瑚建造这些小岛。之后大约在其他地方的人们正在修建巴黎圣母院大教堂或柬埔寨吴哥窟庙宇的同一时期，即12世纪到13世纪左右，波纳佩岛的居民在这里搭建了巨大的石墙和建筑。在南马都尔城的鼎盛时期，有多达1000人居住在这座城市里，这里似乎是一个井然有序的大都市，在这座大都市不同的地区，人们进行了特定的活动，比如修建运河和储备食物。

菲律宾

Ⓗ 密克罗尼西亚

夏威夷

巴布亚新几内亚 　阿皮亚

　　　　　　　帕皮提

澳大利亚

左图与上图：目前人们尚不清楚玄武岩的建筑何时开始于南马都尔，但建造者在建造过程中必须将大块的岩石从波尼佩岛上偏远地区的采石场运走。

波纳佩岛的统治者就住在南马都尔城。国王（或称"邵德雷尔王"）及其他贵族一起住在市中心的高墙之内，其他地区则用来举行宗教仪式。在被称为"艾迪德"（Idejd）的小岛上，每年当地人都会把一只海龟供奉给他们认为的"伟大精神"的化身——在水池中的一条神圣的鳗鱼。

鳗鱼在南马都尔文化和运河网络中占有特殊的地位，后者连接着75公顷（185英亩）的建筑群，这些动物或许就是通过运河网络进入并迁移至城市各处的。当然，口头流传的文化也暗示了这一点。事实上，南马都尔（Nan Madol）这个词的意思是"间距"，也许它就象征了这些水道的文化意义。

相传南马都尔的统治维持了1000年，直到公元1500年左右，这座城市和它的统治者被另一竞争氏族所击败。此后不久这座城市就被遗弃了。如今，它唤起了人们对密克罗尼西亚丰富的文化历史的追忆。此外，南马都尔城也是太平洋地区罕见的一例巨石建筑群。

上图：南马都尔的地基是由玄武岩巨石建造而成，上面较长的岩石是用"丁顺砌合法"建成。由此筑造的墙体高度可达15米（49英尺），厚度可达5米（16英尺）。

左图：在密克罗尼西亚的部分地区，当地的人们仍然认为鳗鱼是神圣的。左图是波纳佩岛的居民正在喂食淡水鳗鱼，这些鳗鱼被发现于一处采石场附近，这里的玄武岩被开采并用于建造南马都尔城。

巨石之美

　　在新西兰南岛的莫拉奇海滩，有一组奇妙的完美球状岩石，宛如巨大的大理石。对土著毛利人来说，这些岩石代表的是鳗鱼篮子，是从他们的祖先在附近遗留下的一艘独木舟残骸里刨出的。但对地质学家来说这些是古代力量的产物——它们是6000万年前在海底形成的坚硬岩石。随着时间的推移这些岩石被软泥岩包围侵蚀，然后暴露在海滩上。在附近的悬崖上，可以看到其他相似的岩石。

上图：莫拉奇巨石的周长可达3.6米（12英尺），重达数吨。它们表面布满了的"静脉"则是黄色的方解石。

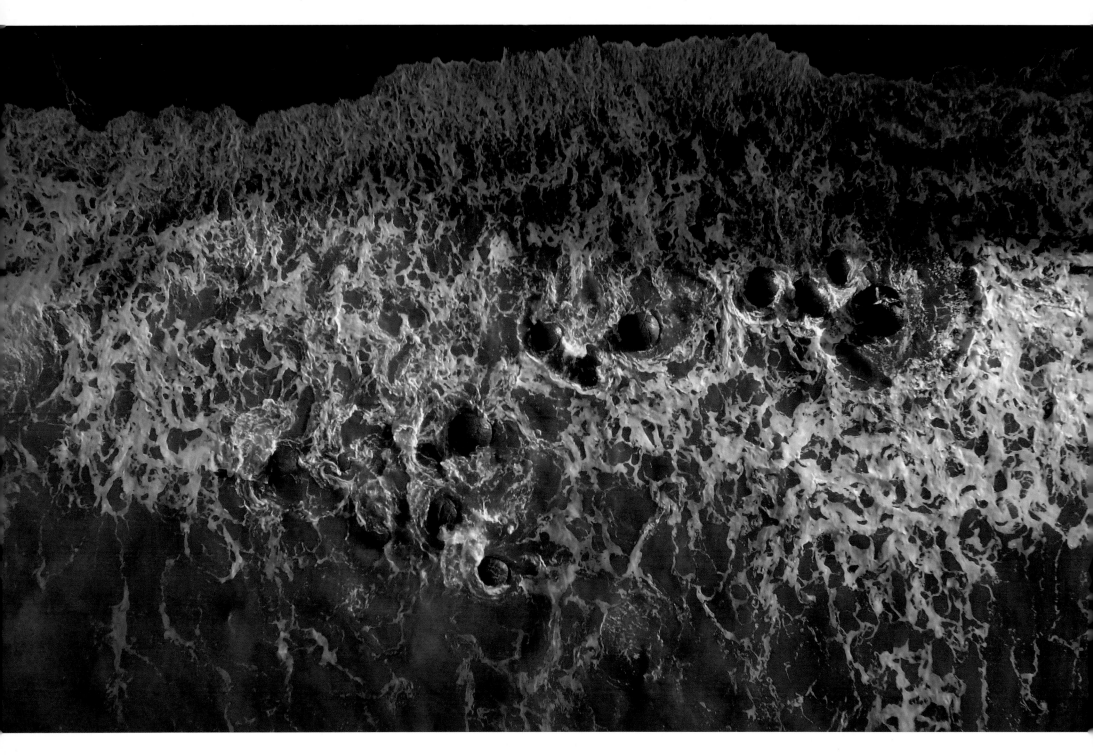

左图：一只雌性萤火鱿将卵产在浅水区。这些卵随海洋潮汐漂浮，成为海洋"浮游汤"的一部分。雌性萤火鱿在产完卵后不久就会死去。

灯光秀

在每年春天的若干夜晚，日本海岸附近的海域都有密集的生物发光现象。这是萤火鱿或"hotaru-ika"，一种难以捉摸的深海居民，在近岸海域进行每年一次的壮观的产卵活动。

这些体长7—8厘米（3英寸）的小鱿鱼通常生活在几百英尺深的地方，但在夜间会浮到水面以捕食微小的甲壳类动物。然而，它们必须游到浅水区产卵。浅水区里聚集了数百万只雌性鱿鱼，为当地渔民提供了一个短暂的收获机会，因为这些鱿鱼在产卵后不久就会死去。

右图：萤火鱿的生物发光是一种稀有现象，光由遍布萤火鱿全身的微小的发光器官产生。这些发光器官可以同时发光，或以交替闪烁的放光，以此诱捕猎物、震慑捕食者或者吸引配偶。萤火鱿的灯光秀也能起到伪装的作用，萤火鱿可以调整其底面的亮度和颜色，使它们与其上方的光线相近。如此一来，当萤火鱿在靠近水面的地方捕食时，捕食者很难从下方看到它。

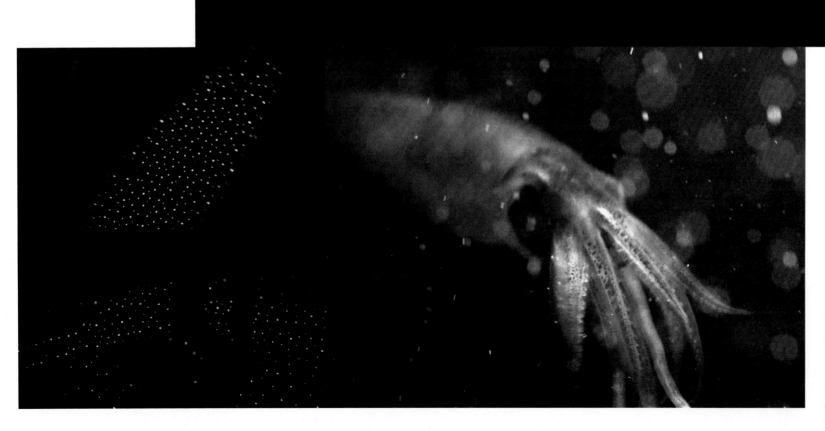

左图：由于萤火鱿十分依赖光，所以它的视觉高度发达。萤火鱿的眼有三种不同类型的感光细胞，因此人们认为它可以辨别颜色。

从潮汐到餐桌

每年日本的渔民都对萤火鱿进行商业捕捞，产量大约在几千吨左右。在那里，萤火鱿被认为是一种美味佳肴。尽管萤火鱿的年产量很高，但人们对于该物种的种群数量却知之甚少。不过，目前这一捕捞活动仍被视为是可持续发展的。

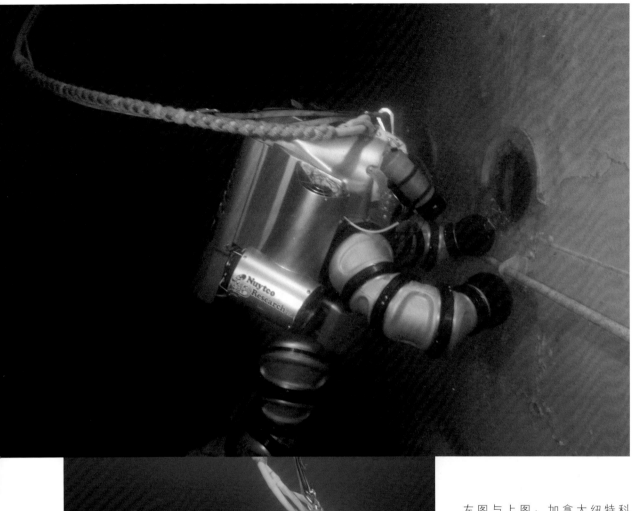

弱光层

当我们人类提到海洋时脑海中浮现的往往是海岸线和蓝绿色的浅水区，因为我们经常会接触到这个相对容易进入的区域，甚至是依赖它生活。然而，在浩瀚的太平洋，绝大部分区域仍然是一块等待被探索的阴暗世界，对我们这些呼吸空气的陆地居民来说，它的许多细节仍然秘而不宣。

在海洋的弱光层——水深200-1 000米（660-3 300英尺）的中层海洋，以及弱光层下的漆黑深渊，探险先驱者面临的主要挑战是冷酷无情的物理学定律。在海平面上我们受到的压强为一个大气压，相当于每平方英寸约15磅，但水深每增加10米（33英尺），我们受到的压强会再增加一个大气压。因此在水深900米（3 000英尺）的地方，人体将受到相当于从各个方向施加来的1 500磅的压力，这样的压力可使人的骨骼粉碎。很明显，人类在这样的环境中无法生存，直到最近，人类设计了超坚固且无可挑剔的潜水器，才有机会涉足于此。

这样的技术使我们能够开始探索地球上最大的生态系统的模样，这是一个由发光动物和温柔地移动的巨型动物所组成的外星世界。深海的居民在低温、高压、很少或没有光以及食物相对缺乏的条件下生存，它们已经十分适应这里的生活。而我们才刚刚开始了解它们生存的奥秘。也许有一天答案会帮助我们实现自己的目标，因为我们人类的未来不是由自然力量决定的，而是由我们自己创造的。

左图与上图：加拿大纽特科（Nuytco）研究有限公司花了16年的时间研制出可以潜到水深300米（1 000英尺）的Exosuit潜水服，同时还能保持潜水员处于一个大气压的环境中。它具备足够的刚性以承受来自外部的压力，同时还结合了潜水员运动所需的灵活性。它通过一条380米（1 250英尺）长的缆绳与海面连接。

左图：据推测这片玻璃海绵礁大约已有9 000年的寿命了，然而它却十分的脆弱，即使是最轻微的触碰也可能导致它破碎。

上图：纽特科研究有限公司的潜水器能够保证驾驶员始终处于一个大气压的环境下。其中一艘潜水器是"深海工作者"号，它只能搭载一名驾驶员，最深可以下潜至水深1 000米（3 300英尺）处。

玻璃地毯

直到20世纪80年代后期，史前的玻璃海绵礁才被降级为化石，这是一种曾经存在于中生代的海洋现象，当时的玻璃海绵曾一度覆盖了7 000千米（4 350英里）的古代海底。因此当1986年人们在加拿大西海岸的深处发现了玻璃海绵礁的存在时，整个科学界都为之震惊。

玻璃海绵看起来像是一种植物，事实上却是一种动物，而且是世界上最古老的多细胞生物。随着时间的推移，玻璃海绵逐步蔓延扩散，形成了广阔的海绵礁，支持复杂的海洋生物群落的生存。这些海绵互相攀爬，在先辈的骨骼上继续生长，由此一来这些雕塑般的结构可以长到8层楼那么高。

左图：菲尔·纽顿博士在温哥华附近的水域潜水，这里是他的家乡。菲尔博士既是工程师，也是发明家与探险家，他的工作总部位于不列颠哥伦比亚省。多年来，菲尔博士和他在纽特科研究有限公司的研究团队发明了一系列的潜水器，并且与美国国家航空航天局和其他科研机构合作。

间或，海洋表现出梦幻般的寂静，当注视着她宁静、美丽而光辉的外观时，人们会忘却她深处的野兽之心；也不愿意记起，这只是海洋虚伪的温柔，那残酷无情的利爪正隐藏其中。

——赫尔曼·梅尔维尔

狂暴的太平洋

——大自然骚乱的震源地

太平洋是自然骚乱的中心……在这里，地球被挤压破坏，形成了危险的环境和荒凉的景象。

斐迪南·麦哲伦赋予了太平洋现在的名字，el Mar Pacífco，然而，与它的名字含义正相反，太平洋具备一切的特征，唯独不平静。太平洋是台风和火山的发源地，是激烈的动物竞争的战场，而近些时候，它还是具有毁灭性的人类活动的舞台背景。真实的太平洋既是平静与安宁相结合的场所，也是野蛮力量与可怕侵略相结合的场所。

通常，这种狂暴只是生命轮回中不可分割的一部分，只有强者才能生存下来，这是自然界的基本法则。无论是摄食、繁殖，或是单纯的生存或死亡，在某些程度上，整个太平洋里的生命活动无不以竞争为特征。数千年来，生物的日常斗争为太平洋创造了灿烂的生命多样性，以及死亡。

人类或担当平静的观察者，或担当具有破坏性的闯入者，进入了这些狩猎场和战场。作为终极狩猎者和最为致命的毁灭者，我们掌握了这里一切生物的命运。即使是太平洋里最凶猛的捕食者，也难逃我们的手心。人类的到来对太平洋所造成的现有以及未来的影响十分可怕，研究人员们正在试图确定这浩瀚的海洋是否能够从中恢复过来。如果可以的话，未来这些生物将继续为它们自身的生存而战，正如大自然所期望的那样。

右图：白岛是新西兰的离岸岛屿，这里充满了震动与轰鸣，地表的裂缝中冒出灼热的气体，有毒的硫化物随之沉淀下来。

火焰之环

　　具有讽刺意味的是，在太平洋看似平静的外表下，其海底被一圈地质不稳定区域所围绕，整个太平洋海底好似一口大锅，这片区域被称为"火环带"（环太平洋火山带）。

　　火环带是板块构造运动的结果——地球的地壳由巨大的平板组成，这些平板被称为"板块"，它们相互嵌合并运动，形成了不断活动的七巧板。板块之间的碰撞点常常形成地质活动区。火环带是一片马蹄形的区域，它代表了地球最不稳定的部分，在这里，巨大的太平洋板块与临近板块相互摩擦挤压。

　　全球大约有90%的地震发生在火环带。成百上千的火山分布于火环带上，这些火山的数量是整个星球的所有火山数量的四分之三。在过去12 000年里发生的25次巨大的火山喷发事件中，只有3次发生在火环带以外的地区。

幽灵般的遗骸

　　火山喷发的狂暴历史在太平洋的海岸线上留下了许多痕迹，尤其是在太平洋的东北部。卡斯凯迪亚隐没带，是一处断层区域，从北加利福尼亚一直延伸到加拿大不列颠哥伦比亚省的温哥华岛。

　　这一断层的出现是板块构造作用力将太平洋板块推到北美大陆板块下方的结果。二者的运动由此形成了一块不稳定区，这里极易发生频繁的震动和灾难性的火山喷发事件，例如1982年俄勒冈州的圣海伦火山喷发事件。

　　1700年卡斯凯迪亚隐没带发生了大规模的地震，导致海岸线在几秒钟之内下沉了多达3米（10英尺）——这是一场将海岸线森林毁灭了的大灾难。通过对这些树木"幽灵"的年龄进行仔细研究，科学家们发现这些树木是突然被泛滥的海水淹没而死的，而这些海水正是由地震所引发。后来科学家们还发现，在距离这次事件大约十小时之后，同样的地震在日本也引发了一场可怕的海啸。

左图：这些伫立在海岸线上的"哨兵"仿佛在向人类诉说太平洋东北部曾经发生过的狂暴历史。这些树木在1700年遭遇了一次地震而迅速死亡，但是它们的遗骸仍然在为地质学家提供关于曾经发生在卡斯凯迪亚隐没带的地质活动信息。

曾经的海岸森林生机勃勃，而如今这些
幽灵似的树桩，正是当时林中的云杉和
雪松的遗骸。

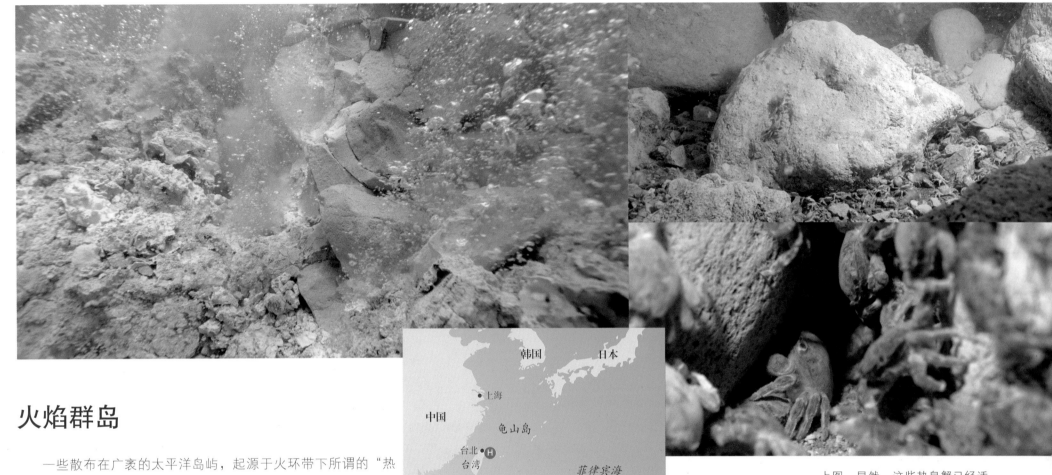

火焰群岛

　　一些散布在广袤的太平洋岛屿，起源于火环带下所谓的"热点"。在这些区域，地球内部的热量从深处上升，将地壳下的岩层融化。熔岩随之从地壳的裂缝中渗出，形成了火山。有些火山位于海洋中，有些则露出海面，形成了岛屿。夏威夷群岛就是一例，事实上夏威夷群岛就是一整条火山链，其中有些火山仍位于水面以下；而龟山岛则是另一例。

　　在台湾东海岸的离岸海域，有一条火山链，龟山岛位于其中最南部的岛屿。一直以来，龟山都是猛烈的火山喷发点。18世纪的资料中记录了亮红色的熔岩从火山中大量迸裂并流出的场景。此外，这里还有一系列海底喷气孔与硫气孔——这些气孔是位于海墙与海底的热液喷口，它们将滚烫的、富含硫化物的水与有毒气体喷

入海中。

　　这些正在喷发的火山创造出了一种酸性环境，与大部分生物的生存环境大相径庭。然而，生活在喷口附近的硫化物环境中的蟹类，已经适应了这种"不毛之地"，还能中和环境中的硫酸。这些热泉蟹（乌龟怪方蟹）生活在喷口周围，以浮游动物为食——例如微小的甲壳类动物、仔鱼和软体动物。这些浮游生物在这片致命的海域里死亡，然后以怪异的景象沉降到海底，如同海洋中的降雪一般。

上图：显然，这些热泉蟹已经适应了喷口区的生活，并且依靠下落的死亡浮游动物为食。这些浮游动物由于无法适应此处酸性的海水而死亡，死后尸体以"海雪"的形式落下。

左页图：我们从海水表面可以看到龟山岛边上的海水被染成了乳白色，这是因为此刻水下的火山正在喷发。

自然之力

上图："白岛"得名于岛屿被白云持续笼罩的景观，它是一座位于新西兰离岸海域的活火山。

板块之间的强烈挤压、相互倾轧，形成了太平洋的其他岛屿。新西兰的主要岛屿就是这样产生的，它们横跨太平洋板块和澳大利亚板块的边缘，其下方的板块不间断地进行着"拉锯战"，使得这里普遍存在山地景观、地质活动和热点区。

距新西兰东北海岸大约50千米（30英里）处，有一座活火山，仿佛在呼吸一般，爆发出轰鸣声，由此可见其中的自然之力。詹姆斯·库克船长于1769年将它命名为"白岛"，之所以起了这个名字，是因为它总是被白色蒸气形成的云所笼罩。相比它所呈现给人类的高度，白岛实际上是一座更加巨大的水下火山，从海底的火山脚算起，这座火山有1 600米（5 249英尺）高。白岛的火山十分活跃，在近来的历史上已经发生了多次喷发事件。

左图：白岛的环境中充满了硫化物。在许多火山喷口，蒸气和热气被释放进入空气中，形成硫晶体。同时，火山口形成的深湖中，湖水的酸度足以将人肉剥离骨头。

下图：岛上的小溪流是嗜极生物的家园——这里的嗜极生物是原始但生命力顽强的微生物，它们在普通生命无法生存的恶劣环境下茁壮成长。

左图：在十九世纪末和二十世纪初，矿工们来到白岛开采硫磺，并且在火山口建造了一座工厂。有人将白岛描述为"地球上最糟糕的地狱——在这里，岩石会爆炸；每天需要刷三次牙，牙齿才不会变黑；这里的陆地还会剧烈地摇晃"。1914年，火山口的部分墙体倒塌，导致11人死亡。

风暴预警

　　热带的暖水海域常表现得温和平静，但是当合适的气候条件和天气状况出现时，这里会生成凶猛的风暴，风暴能以每小时超过140千米（85英里）的速度盘旋移动。在西太平洋，这些风暴现象被称为"台风"，而在东太平洋，这些风暴与大西洋上的一样被称为"飓风"。

　　台风和飓风之所以会在热带海域形成，是因为温暖的水温会给其上方的气压带来扰动。高气压区的空气开始向低气压区移动，风由此开始旋转，力量逐渐增强。风的旋转运动受到地球自转的驱动；在北半球，台风以逆时针的方向旋转，而在南半球，台风以顺时针的方向旋转。

　　这些气象怪物沿着它们的移动路径一路破坏，然而众所周知，它们的路径难以预测。人们用萨菲尔-辛普森等级来衡量飓风的等级，其中等级1是风速最低的飓风，而等级5是风速最高的飓风。

上图与左图：尽管大部分时间里，热带海域的风景都美不胜收，然而这些海域也会产生极具毁灭性的台风和飓风。

移动住户

台风肆虐过后，冲绳海滩被掩埋在垃圾当中，这些垃圾对紫陆寄居蟹来说是一笔意想不到的财富。紫陆寄居蟹是夜行动物，它们是机会主义的食腐动物，通常会在太平洋发生风暴过后，到海岸线上来碰碰运气。它们或是在寻找一份唾手可得的食物，抑或是在寻找一个新住所。这些紫陆寄居蟹尤其喜欢色彩明亮的塑料容器，因为明亮的色彩才方便紫陆寄居蟹辨认。紫陆寄居蟹会将这些塑料容器作为自己的新住所，赋予"回收"这个词汇新的含义。

漂浮塑料

从图中我们可以看到海岸线上散布着大量的垃圾碎片，这些垃圾碎片的数量能够警示我们，当前太平洋里正泛滥着体积无法估计的塑料垃圾。漂浮塑料，大部分由悬浮在水中的微小颗粒组成，它们由陆源污染或是海洋污染产生，后者例如人类向海中丢弃渔业网具造成的污染。这些被丢入海中的垃圾随风和洋流漂到了北太平洋和南太平洋遥远的支流里，在这里它们被环流困住，形成了大型垃圾带。没有人知道这些垃圾带里垃圾的确切总量，但是海洋动物，例如海鸟和鲸类，为此付出了巨大的代价，人们常常发现这些死亡的动物胃里面塞满了塑料，对此资料里有充分的记录。

交战地带

上图与右图：这架第二次世界大战（以下简称"二战"）的飞机遗骸正躺在新几内亚的离岸海底。人们认为这架日本飞机的飞行员是有意将飞机降落在海上的，或许是由于飞行员失踪了，抑或是飞机的燃料耗尽了。

1941年12月，日本袭击了美国在夏威夷的海军基地——珍珠港，自此太平洋成为了戏剧般的战场舞台，这里发生过激烈的海战和空战，人类也在水下执行过秘密任务。

海面上曾经战火纷飞的场景如今只留下一些遗骸，静静地躺在海底深处。图片中的这架三菱"零"式战斗机便是战争的遗骸之一，它与日本用于珍珠港作战中的战斗机型号相同，这架战斗机可能在飞离新几内亚的海岸之后由于飞行员失踪或是飞机燃料耗尽而坠入海中。

"零"式战斗机，代号也被称为"泽克"，是一架尤其灵活、快速的战斗机。在1937年至1945年之间，日本人制造了11 500架"零"式战斗机，它们成为了日本臭名昭著的"神风敢死队"的运载工具。这是一支发动自杀式袭击的队伍，战斗机上运载着年轻的志愿者们，作战时驾驶飞机直接撞向敌方的船只。

而图中的这架飞机，命运截然不同。在这架飞机小小的驾驶舱里，曾经坐着控制这架飞机进行海上着陆的飞行员，而如今，这间驾驶舱已经成为了海洋生物群落的生活环境。

水中飞机

拍摄位于海底"二战"残骸的工作，比大家想象的还要困难。尤其是试图将生活在遗迹里的多姿多彩的生命展现给观众，对摄制组来说是一项巨大的挑战。在水下越深的地方，随着光线减弱，色彩会逐渐消失，因此在位于海底17米（56英尺）深处的飞机残骸和礁石般的群落主要表现为蓝色和绿色，而不是其原本犹如充满活力的调色板般的色彩。

要使得拍摄出来的生物群落更鲜艳一些，我们需要引入一些人造光，但是这么做也并不容易。装在摄影机上的灯往往使眼前的场景变得十分明亮耀眼，但是它呈现出来的是明显的椎体光柱，光在光柱边缘会迅速消失，使得有光处和无光处反差明显。为了让光线表现得更自然，我们要正确地安放多个远离摄影机的外光源。但是要在远离巴布亚新几内亚的海域里完成这样的拍摄工作，时间是十分有限的，因此我们需要进行严谨的工作规划。

幸运的是，当这个难题出现的时候，摄制组的摄影导演彼得·克拉格已经埋头多时研究解决这个水下摄影的方法。考虑到将铝制照明设备绕着地球半圈运送过来是不可能的，因此他认为摄制组必须在现场搭建一个。当他们确认在拍摄场所附近有一处竹林后，彼得就知道这是一片可以被利用来搭载照明设备的资源。

大家根据彼得的说明，预先把竹子截成几段，然后组装成一个框架。由此一来，彼得可以在框架上安装几个电池供电的光源，并把它们架在距离摄影机多达8米（26英尺）远的位置。如此创新的拍摄方法不仅十分环保，还协助展现了一处凄美的遗迹，这一遗迹曾经目睹了发生于太平洋区域的残酷战争，但最后，它沉落至海底，生命在遗迹里复苏，成为了现在缤纷多彩的模样。

巴布亚新几内亚

所罗门群岛

莫尔兹比港

米尔恩湾

凯恩斯

澳大利亚

珊瑚海

猎取人头

在遥远的巴布亚新几内亚米尔恩湾省，许多洞穴揭示了一个可怕的秘密——洞穴里整齐摆放着成百上千个人类的头骨，有些头骨甚至还形成了矿物质结垢，散发着光芒。

许多世纪以来，这个区域的沿海部落以其他部落的人为食，这种现象被称为"族外食人"。他们烹煮、食用被他们征服的敌人的肉，认为这么做会把敌人的力量传递给自身。有些人称，这些与世隔绝的头骨在猎取人头的时代是可怕的战利品。还有一些人则认为当地人将这些头骨摆放在洞穴里，是为了表达对死者的尊敬，这在当地是一种殡葬仪式。

左图与上图：在巴布亚新几内亚的米尔恩湾，有许多摆放着头骨的洞穴。这些洞穴清楚地讲述了人们过去在这个区域发生过的暴力冲突以及重要的文化习俗。

中国

日本

菲律宾

马绍尔群岛 Ⓗ

夏威夷

印度尼西亚

巴布亚新几内亚

左图与上图：大型核爆炸的遗留物仍然点缀在比基尼环礁的岛屿上。

墓地

马绍尔群岛位于北太平洋，由一片分散的环礁和岛屿组成，面积可达925 000平方千米（357 000平方英里）。位于马绍尔群岛北部的是比基尼环礁，美国于1946年至1958年期间，在这里进行过核试验项目。

在比基尼环礁区，美国总共进行了23次核试验，包括1954年3月1日美国引爆的一枚重达1 500万公吨（1 650万吨）的氢弹。这枚氢弹的威力是当年投放在广岛的原子弹的1 000倍。巨大的爆炸使得三座岛屿灰飞烟灭，并使比基尼环礁出现了宽达一英里的弹坑，具有放射性的薄雾被传播至澳大利亚和日本。这是美国有史以

上图：放射性同位素在珊瑚的组织中富集。科学家们正在研究这些珊瑚样品，试图了解同位素是否对这些长寿的动物在基因水平上产生影响。

右图：长尾光鳞鲨通常有两个背鳍，但一些生活在比基尼环礁的长尾光鳞鲨只有一个背鳍。这是长尾光鳞鲨遗传失常的现象吗？与当时的核弹试验有关吗？

来引爆的规模最大的一颗炸弹。

核试验使得整个比基尼区域受到放射性灰尘的严重污染，这里至今不适合人类生活。土壤以及任何生长其中的生物含有高水平的铯137，这是一种致癌的同位素。生活在环礁里的许多椰子蟹是对污染毫不知情的众多受害者之一，它们以当地的椰子和露兜树为食，并不知晓这些同位素已经在它们的体内富集。

目前比基尼环礁的生态系统看起来很健康，珊瑚正在恢复生长，然而物种的种类数量却已大大减少。此外，科学家们还发现了生物的生理畸变，例如当地的长尾光鳞鲨存在背鳍缺失的现象。目前人们还不清楚这种畸变现象是否受到核辐射的影响，但是对于动植物物种被长期暴露于高水平辐射的结果如何，还有待观察。

左图：比基尼环礁中被炸毁的潟湖，从太空中也能望见这里。这里是退役的"二战"军舰的坟墓，当时这些军舰被作为试验计划的一部分带到这里。在陆地上，被遗弃的类似掩体的建筑物是试验项目实施后唯一可见的残留物，至于试验所产生的无形痕迹，实际上遍布各处。

左图：椰子蟹的螯强壮得令人难以置信，比已知的任何甲壳动物的螯都要强壮。最近的研究发现，椰子蟹大螯的钳力与狮子咬碎骨头的力量一样强。

下图：科学家们仍然无法确定这些高水平的铯137对生活在比基尼环礁的椰子蟹可能造成的影响。

爬树的椰子收割者

椰子蟹其实是一种寄居蟹，它们在幼年期就会回避寄居蟹普遍的背负贝壳的习惯，用自身的硬壳取而代之。由此一来，椰子蟹的体型就可以长得比其他寄居蟹大，据记录，最大的椰子蟹从一端到另一端的体长有1米（3$\frac{1}{3}$英尺），令人印象深刻。

此外，椰子蟹与大部分寄居蟹的另一个不同之处，在于椰子蟹几乎完全生活在陆地上，而且如果把椰子蟹完全没入水里，它们还会被淹死。虽然椰子蟹的鳃已经适应了呼吸空气，但是它们仍然需要保持湿润。椰子蟹会把它们的腿浸入水中，然后用腿把它们的呼吸器官润湿。椰子蟹会回到海里产卵，产卵时，它们站在水中，把卵产在海里任其随波逐流。

倘若地面上没什么食物，那么椰子蟹会爬到椰子树上去，用它们强有力的大螯钳摘取椰子。回到陆地上之后，椰子蟹会将椰子的外皮剥掉，用它们其中一条尖尖的腿戳开椰子的壳，再把戳破的壳洞逐渐掰开扩大，直到它们能够吃到椰子内部柔软的椰肉。

机智的摄影组

当《大太平洋》的制作人约翰·卡伦来到比基尼环礁时，他一直在祈祷，希望自己在比基尼环礁上能够看到一两只椰子蟹。但即使椰子蟹的性格有点儿害羞，他也不必担心，因为当摄制组成员在环礁的小岛上打开了一个椰子时，马上就有超过一打的椰子蟹从灌木丛中出现了，这些巨大的节肢动物的体型就和一条小狗的体型差不多大，它们可能被椰子的香味所引诱，直奔这顿便饭而来。

卡伦和他的摄制组成员带着两台GoPro相机做好了准备，他们设想了一些摄影技巧，打算派上用场。他们将一台摄影机插入椰子的末端，将摄影机固定住，让镜头能够对着椰子内部。这样一来摄制组成员能够拍摄到椰子蟹将椰子里面的东西挖出来吃的经典镜头——以椰子的视角看。摄制组成员将另一台摄影机成功地固定在了一只椰子蟹的壳上。"椰子蟹摄影机"拍摄到的镜头对《大太平洋》来说是一次额外的创新成果，它将这种甲壳类动物在陆地上的生活习惯的特殊视角展现给了观众。

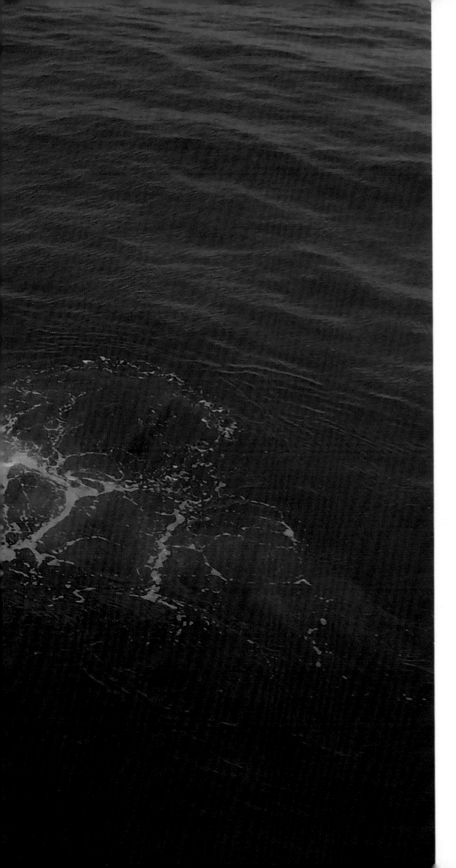

求偶竞赛

在大部分情况下，大翅鲸看起来都是温文尔雅的哺乳动物，在蔚蓝的热带海域里高雅地遨游，吟唱着缥缈的缭绕耳畔的歌曲。然而，当繁殖季到来的时候，雄性大翅鲸会表现出它们本性里好斗的一面。为了获得雌性大翅鲸的青睐，它们会用身体与其他雄性竞争者对抗，这样的对抗被普遍认为是世界上最大的求偶争夺战。

雄性大翅鲸的体长在12-15米（40-50英尺）之间，通常比它们所争夺的雌性体型小，然而它们的体重最大可达36公吨（40吨），因此它们身体之间产生的撞击还是相当猛烈的。当两三头，或者更多头雄性大翅鲸开始追逐一头雌性大翅鲸时，它们便会参与到相互的身体撞击的斗争中，这样的竞争方式被称为"热试车"。雌鲸的追求者们在水中竞相制造气泡、甩动尾叶、用它们特有的长长的胸鳍互相击打，或是用整个身体撞击对方，甚至还会跃出水面，再狠狠地落下压在其他竞争者身上。所有的这些竞争场面都是在它们以每小时30千米（18英里）甚至更快的速度前进的过程中发生的。

在这些大翅鲸出发前往遥远的太平洋南部或者北部的夏季觅食场之前，这场残酷竞争的胜利者将与雌性大翅鲸交配。雌性受孕大约11到12个月后，幼崽出生，而此时这些鲸已回到温暖的热带海域，也就是它们的繁殖场。

尽管大翅鲸幼崽刚出生时体重有1吨，体长4.5米（15英尺），然而它们在每年洄游至热带海域的冬季觅食场的过程中依然要面临许多危险，例如夏威夷群岛或是汤加群岛。

左图：大翅鲸的胸鳍很长，如此修长的胸鳍为它们在水中游泳增加了可操控性，此外，胸鳍也是雄性大翅鲸之间在激烈的"热试车"竞争过程中的有力武器。

两头雄性大翅鲸正在为争夺一头雌性大翅鲸而进行"热试车"。它们快速地在水中游动，用胸鳍和尾叶拍打对方，并互相冲撞。竞争胜利的雄性大翅鲸将同这头雌性大翅鲸交配。

右图：大约有20%的大翅鲸幼崽在第一次迁徙的途中死亡，其中有许多成为了虎鲸的食物。除了人类之外，虎鲸是已知的唯一捕食大翅鲸的动物。

右图：大翅鲸是须鲸，它们以磷虾等浮游生物和小鱼为食。它们巨大的口中两侧排列着像毛发一般的鲸须板，可以将海水过滤，而将食物留在口中。它们是滤食大师，能频繁熟练地运用技巧把水中的生物聚集在一起，以获得更大口更美味的食物。大翅鲸会在水下缓慢地盘旋并逐渐上升到海水表面，并在这个过程中释放出气泡形成一张"网"，将食物聚集在一起。当大翅鲸集结成群的时候它们也会集体合作，在捕食过程中各自担任不同的角色。

左图：海水表面的气泡暴露了大翅鲸在水下的捕食方法，它们巧妙地将猎物聚集了起来。从海水表面我们可以看到这群大翅鲸正在狼吞虎咽地进食这些猎物，在阿拉斯加东南部的夏季繁殖场，这些大翅鲸也是这样摄食的。

大翅鲸

    由于大翅鲸频繁出现于沿岸海域，洄游路线也可以预测，因此自十九世纪初期，大翅鲸种群就由于捕鲸人的捕鲸活动而变得十分脆弱。在1964年全球的商业捕鲸活动被基本禁止之前，大翅鲸在全世界范围内的数量就已锐减，只剩下其原本数量的5%—10%。如今大翅鲸的数量正在恢复，尽管有些种群仍然被官方定义为濒危级别。

漫游的爬行动物

从东南亚到澳大利亚，咸水鳄（湾鳄）是太平洋最可怕的食肉动物之一。作为伏击型的捕食者，咸水鳄通常躲在半咸水的海域，只将它的眼和鼻孔露出水面，等待毫无戒心的猎物靠近。待时机成熟，它会突然出击，用它强有力的颌抓住猎物。咸水鳄的颌部咬合力极强，可以咬碎动物的骨头，即使是体型相当大的动物也能被一口咬死。

咸水鳄甚至对同物种的成员都怀有敌意，咸水鳄之间同类相食的现象被广泛记载。处于主导地位的成年咸水鳄会将幼年个体赶出它们的领地范围，迫使这些被驱逐的动物寻找新的栖息地。有时这会导致咸水鳄为了寻找新栖息地而在海上进行漫长的航行，而航行距离之远出乎我们的意料；科学家们跟踪了一些咸水鳄，发现有些个体最远在水中迁移了1 000千米（620英里）。咸水鳄捕食间隙，它们会随着洋流和潮汐移动。

和所有的爬行动物一样，咸水鳄必须控制它们的体温，而它们控制体温的做法主要是利用浸入海水来降温或利用晒太阳来增温。这就是为什么我们可以看到咸水鳄趴在潮汐河口或是红树林的岸上。

上图与右图：咸水鳄拥有一系列令人印象深刻的适应水生生活的特征。咸水鳄的尾巴长而有力，用来在水中推动自身前进；咸水鳄的后肢带蹼；眼、鼻子和耳朵都位于头顶，这样它躲藏在水中的时候既能呼吸和观察，也能使其他动物几乎看不见它。由于咸水鳄的舌头存在盐腺，因此即使在咸水环境中，咸水鳄也具备极高的耐盐性。此外，在咸水鳄的喉部后侧，有一个特殊的瓣膜，能够令咸水鳄在水下张嘴的时候防止水流入喉部。

左图：咸水鳄是世界上最大的爬行动物。据非正式报告称，体长最大的咸水鳄有8-10米（26-32英尺）长，但是大部分咸水鳄的体长在5-6米（16-19英尺）左右，体重大约在900千克（2 000磅）左右。

右图：咸水鳄的皮肤是所有鳄鱼当中最具商业价值的，因此人类为了获得咸水鳄的皮肤会猎杀它们，除了人类和其他同类，咸水鳄没有天敌。这只老军阀似的鳄鱼身上布满了与其他鳄鱼争斗产生的伤痕；它总有一天会被它的挑战者所打败，甚至被它们吃掉。

右图：咸水鳄可以在水下休息，一次休息时间最长达两个小时，或是以"半脑睡眠"的方式打瞌睡。"半脑睡眠"可以令咸水鳄在一半大脑睡觉的时候用另一半大脑保持清醒。

警告标志

在拍摄咸水鳄的过程中，《大太平洋》的摄影导演彼得·克拉格每天的工作就是在开放海域悄悄靠近咸水鳄。他需要描述咸水鳄在海中游动的状态，为达到这个目的，最好的方法就是和它们一同待在水中，而不是从船上拍摄。

克拉格常驻美国，有相当丰富的与鲨鱼潜水的经验，但是还从未与鳄鱼同游过。因此克拉格预先做了些功课，他与曾经拍摄过美国短吻鳄并与之潜水的同事们交流，了解了大型食肉爬行动物在水中的行为特征。接下来要考虑的就是下水了，他将带着一台32千克（70磅）的摄影机，把摄影机摆在身前，他的身后则跟着一位安全潜水员，三者共同缓慢地靠近咸水鳄。

"我们拍摄了三头咸水鳄，它们的行为各不相同，"克拉格说道，"一头较小的咸水鳄十分具有攻击性，它毫无预警地攻击了摄影机；而最大的那头咸水鳄相对比较自信，它发出了更多的警示信号，似乎认为自己没有必要过早地感到被惊扰。但是如果你一直没有后退，那这头咸水鳄就会张开嘴巴，露出它的牙齿，随后它的腿重心下移，脚趾展开。此时它发出的是非常明确的'离我远点儿！'的信号，所以我就离开了。"

地图标注：菲律宾 / 菲律宾海 / 蓝碧岛 H / 苏拉威西 / 印度尼西亚 / 伊里安查亚省 / 班达海

伏击小巷

为了争夺资源，生物演化可能向着意想不到的方向发展。印度尼西亚的蓝碧海峡是位于苏拉威西岛和蓝碧岛之间的狭窄海域，在这里，有一组不寻常的角色正在演示它们对环境非凡的适应能力，这些适应能力能够令它们在每日的生死斗争中占据上风。

上图：蓝碧海峡看起来似乎缺乏生机，事实上这里是一处生物多样性的热点，这里正在上演着名为"捕食与逃脱"的游戏。

左图：这只长得像海胆的躄鱼正在耐心地等待小鱼被它的诱饵迷惑而上钩，这只躄鱼全身上下都像只海胆，只有眼背叛了它。

下图：这是另外一种躄鱼，具有另外一种伪装造型——这一造型明显伪装得十分成功。

像青蛙一样的敌人

　　躄鱼，又称"蛙鱼"，之所以得名于此，尤其因为它特殊的胸鳍和腹鳍可以像人的腿一样弯曲。躄鱼的形态看起来有点儿像两栖动物，这样的形态也使得它在海底行动时看起来一点儿也不像一条鱼，但实际上躄鱼和两栖动物并没有什么联系。

　　躄鱼还是善于伪装的动物，随着时间的变化，它会改变自己的体色，以模仿周围环境的色彩。这样的伪装技能使它与邻居混为一体，这些邻居可以是珊瑚、海绵、石子、贝壳或是带棘刺的海胆，能够伪装成什么动物，主要取决于躄鱼的种类。躄鱼伪装的最后一步是制造一个诱饵，躄鱼的头部顶端有一只触角伸出，触角末端悬挂着像虫子或是海葵一样的结构。躄鱼只需要静静地等待误把诱饵当食物的鱼虾经过，然后发动巧妙简单而致命的攻击：突然张开大嘴，在毫秒之间将猎物连同海水一起吸入口中。

带棘刺的伪装

这只关公蟹选择将它的伪装背在身上。这只八条腿的节肢动物利用两对腿负重，另两对腿运动。许多带有棘刺的海胆通过这种方式来搭便车，前往潜在的新觅食场，同时，它们也为这些螃蟹提供了保护，避免它们被捕食者吃掉。

守株待兔

鳄鱼鱼（博氏孔鲉）也是一种伏击型的捕食者，它们会将自己埋在海底松散的沙子或是石砾中，伪装和隐藏自己。在等待猎物时，博氏孔鲉斑驳的体色将自己与周围的环境完美地融为一体，只剩下眼和宽阔的大嘴巴隐约可见，就像与它同名的爬行动物——鳄鱼一样。

隐藏的猎人

　　博比特虫（矶沙蚕）是世界上最长的，也是最凶猛的虫子，它的体长最长可达6米（20英尺）。事实上，我们真的很难相信这些凶猛的食肉动物与无害的蚯蚓有亲缘关系。

　　博比特虫的口器（见右侧图片）由一种可收缩的、弹簧状的颚以及一对像剪子一样的锯齿状的板组成，可以将猎物分割成两半。此外，博比特虫还会向猎物注入毒素，使其昏迷或死亡，因此博比特虫可以吞食体型比自己大得多的食物。

　　博比特虫生活在沙质或珊瑚礁砾质海底的洞穴中，平时只将它的头部和犹如外星生命般古怪的附肢从洞穴中伸出。博比特虫触角状的结构具备光感受器和化学感受器，可以感知周围的猎物。当猎物出现时，博比特虫就从它的巢穴里跳出来，用强有力的颚抓住猎物，把猎物拖到巢穴里。这一切发生得如同闪电一般迅速，以至于我们有种捕食者和猎物突然一起消失了的错觉。

毒蛇的领地

蛇岛坐落于黄海，可能是在12 000年前，即最后一个冰河时代的末期时，海平面上升而从辽东半岛分离出来的孤岛。这样的地理隔离有助于演化出一个独特的物种——蛇岛蝮。蛇岛蝮是一种剧毒的顶级捕食者，它完全适应了岛上独特的环境条件。

蛇岛蝮生活在蛇岛上，这是一座很小的岛屿，面积只有3/4平方千米（少于1/3平方英里），上面却密密麻麻地生活着许多蛇岛蝮，估计每平方米（10平方英尺）就能见到一条。

幸亏这种动物对季节性的食物来源有着显著的适应能力，才能

左图：经过几个月的等待，一条蛇岛蝮预感到它下一顿的食物将随着迁徙鸣禽的抵达而到来。

北京

日本海

蛇岛

黄海

蛇岛蝮的体长能达到60-70厘米（24-27英寸）长，但是它们可以猎捕比自身体型大很多的猎物，因为它们的颌部可以张开近180度。当成功地咬住猎物之后，位于蛇岛蝮口腔后部的尖牙会将毒液注入猎物体内，迅速地将猎物控制住。

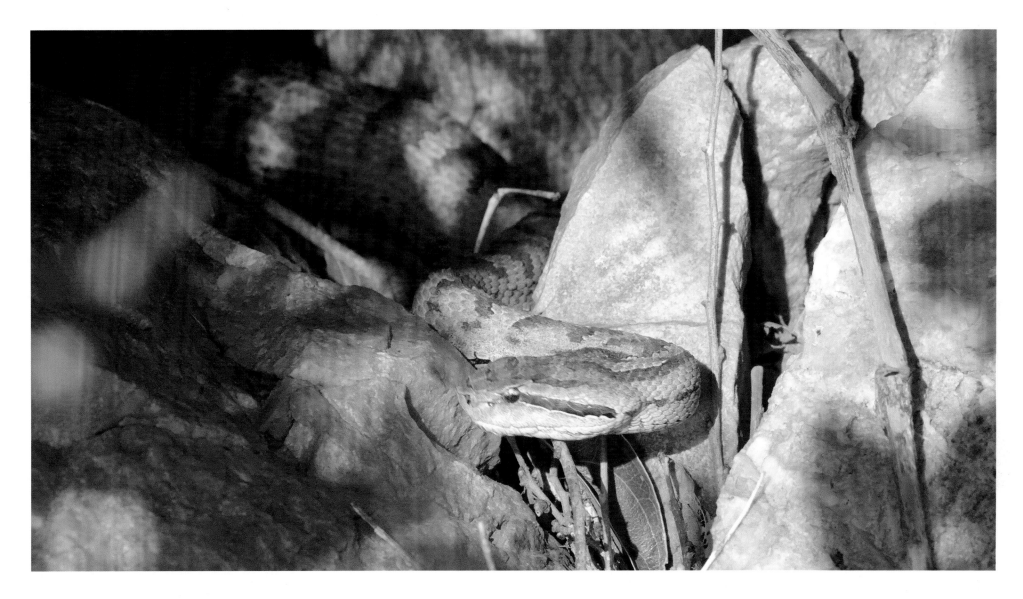

使如此高密度的动物能共同生活在只有手帕面积大小的土地上。一年两次，春秋两季，迁徙的鸟类往返于西伯利亚的夏季繁殖场，中途路过蛇岛，在此停留休息，每次停留6周。每年的这两个六周，是成年蛇岛蝰从岩石缝隙里钻出来的唯一时间，就好像是打开了为蛇岛蝰提供进食机会的狭窄窗口；在剩余的时间里，蛇岛蝰都在沉睡中度过。

蛇岛蝰巧妙地将自己隐藏在树枝和灌木丛中，有时甚至一条搭在另一条身上，等待毫无戒心的鸟儿降落。由于蛇岛蝰的毒液毒性很强，因此当有鸟降落在附近的时候，毒蛇所发动的攻击是迅速而致命的。得手后的蛇岛蝰可能要花几天时间来消化它那带羽毛的食物，但这并不妨碍它继续寻找下一只猎物。

上图：蛇岛是由上升的沉积岩形成。这为蛇岛蝰创造了理想的生存环境，岛上有许多狭长的岩石裂缝，为蛇岛蝰提供了保护，令它们在漫长的几个月的捕食空窗期中免受极端温度的影响。

蛇岛蝮

　　由于蛇岛与大陆分离，蛇岛上的蛇岛蝮祖先在与世隔绝的12 000年中演化，成为了与大陆的蛇岛蝮有所差异的亚种。据科学家估计，正常情况下蛇岛蝮的数量在20 000条左右，但这一数量容易受到当地的气候变化所引起的一些事件的影响而波动，例如台风和干旱。

毒蛇集中营

在蛇岛上，《大太平洋》的摄影导演斯科特·斯奈德一整天的工作几乎就是拍摄岛上四处可见的毒蛇。斯奈德来自美国南卡罗来纳州，那里本身就是好几种毒蛇的家园。斯奈德在他的摄影生涯中已经拍摄了许多这些带有"毒牙"的生物，但是这种拍摄野外毒蛇捕食场景的机会实在是太难得了，斯奈德不想错过，即使这意味着他将要被困在这个地球上毒蛇最集中的地方长达10天之久。不必多说，斯奈德在岛上的每一步行动都必须格外小心。

只要被毒蛇咬到一口，就必须要进行紧急治疗并撤离——没有哪个摄制组成员想体验一下这种事情。幸运的是，拍摄过程中没有发生任何意外，大家躲藏在可以容纳他们的煤仓样的结构内，这个防蛇的混凝土结构帮了大忙。

斯奈德回忆起，尽管岛上毒蛇众多，但他所面临的挑战依然是如何用相机捕捉到蛇的伏击行为，最明显的问题就是他不知道迁徙鸟类要何时降落到岛上，且降落在岛上的何处。摄制组成员们花了大量的时间躲在隐蔽所里识别和拍摄蛇岛蝮，期望能够抓拍到预想的场景。工作人员们成功地拍摄到了一些蛇岛蝮捕捉到猎物后享用猎物的场景，却依然没有拍摄到他们最想要的那个画面。

最后，在倒数第二天，斯奈德的耐心得到了惊人的回报，他们拍摄到了一条蛇岛蝮扑向它的午餐的一系列动作（见下页图片），至此，再长时间的等待，即使令人厌烦都是百分百值得的。

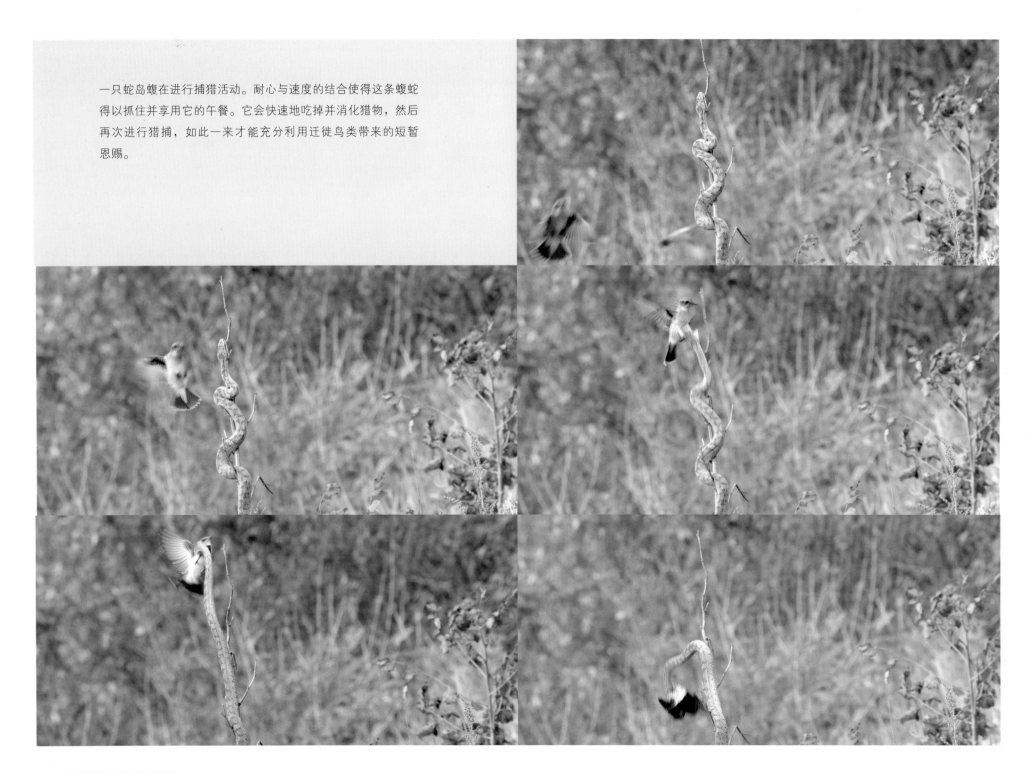

一只蛇岛蝮在进行捕猎活动。耐心与速度的结合使得这条蝮蛇得以抓住并享用它的午餐。它会快速地吃掉并消化猎物，然后再次进行猎捕，如此一来才能充分利用迁徙鸟类带来的短暂恩赐。

银龙

　　银龙是太平洋鲜为人知的更狂野的一面，"银龙"一词事实上是俗名，它指的是世界上最大的涌潮，出现在中国杭州市附近的钱塘江上。

　　涌潮是一种自然现象，它发生在春潮涌入漏斗形的海湾时，有可能会流入一条相对较浅的河。其他因素，例如河水的水位和盛行风的风向，在决定涌潮的强度上也扮演着它们的角色。

　　涌潮造成的结果就是使得一堵巨大的水墙从大海冲向内陆。以银龙为例，银龙造成的巨浪高度可达9米（30英尺），速度可达每小时40千米（每小时25英里），人们在它还远远的未到来之前，就可以听到它所发出的巨大咆哮声。

　　几个世纪以来，银龙对于水手和平民来说都是致命的；所以说世界上最古老的潮汐表与钱塘江有关，也就不足为奇了。

上图与右图：钱塘江的平静水域掩盖了世界上最大的涌潮所造成的突发狂暴事件。

骑龙者

　　银龙的出现由于不可预测而恶名昭彰，仅在21世纪就夺去了数条生命，所以对《大太平洋》的摄影导演斯科特·斯奈德来说，追寻银龙并非没有令他恐慌。他承认在他完成这一任务之前他并不知道他该期望什么——这条龙到底有多大？

　　斯奈德也回忆起在拍摄过程中最具有挑战的一面，那就是预测银龙将会在哪条海堤出现。为了保护城市和人民不受汹涌澎湃的潮水冲击建立了众多的海堤。选择最佳的海堤有助于镜头展示银龙壮观的力量，也能最好地体现出这种现象的规模。

　　斯奈德没有感到失望，他描述自己所见的场景："大量的潮水朝着我们冲过来。"与此同时，他与时间赛跑，非常快速地从一个地方跑向另一个地方，来找最合适的浪潮拍摄地点。一些勇敢的，或者说莽撞的冲浪者会尝试在这里进行冲浪，而冲浪界普遍认为这里的浪潮是最不寻常的。乘浪银龙成为了银龙现象的一个戏剧性片段，在几个世纪以来一直是当地神话的主题，现在也成为了大众文化的一部分。

索 引

图书在版编目（CIP）数据

大太平洋 /（新西兰）丽贝卡·坦斯利（Rebecca Tansley）著；祝茜，曾千慧译. — 北京：海洋出版社，2019.5
（2020.10重印）

书名原文：BIG PACIFIC

ISBN 978-7-5210-0347-5

Ⅰ.①大⋯ Ⅱ.①丽⋯ ②祝⋯ ③曾⋯ Ⅲ.①太平洋 – 普及读物 Ⅳ.①P721-49

中国版本图书馆CIP数据核字（2019）第076307号

图字：01-2018-5099
版权信息：Text © David Bateman Ltd, 2017
Typographical design © David Bateman Ltd, 2017
Concept and photographs © Natural History New Zealand Ltd, 2017 except front cover © Andrea Izzotti / 123RF.com; back cover background image © Andrey Kuzmin / Shutterstock.com;
Pages 76–79 Blue whale photographs © Bob Cranston; page 92 © Waldo81 / Shutterstock.com;
Page 94 © Willyam Bradberry / Shutterstock.com; page 194 © Guenter Guni / iStock by Getty Images
Published in 2017 by David Bateman Ltd
30 Tarndale Grove, Albany, Auckland, New Zealand

The simplified Chinese translation rights is arranged through Rightol Media ［本书中文简体版权经由锐拓传媒取得（copyright@rightol.com）］

责任编辑：杨海萍

责任印制：赵麟苏

特别鸣谢：王刘金旭（《一只海獭的求救信》作者）

海洋出版社

http://www.oceanpress.com.cn

北京市海淀区大慧寺路 8 号　邮编：100081
出版发行：广东经济出版社（广州市环市东路水荫路 11 号 11—12 楼）
经销：全国新华书店
印刷：广东鹏腾宇文化创新有限公司（珠海市高新区唐家湾镇科技九路88号10栋）
开本：889 毫米 × 1194 毫米　1/12
印张：20
字数：250 000 字
版次：2019 年 8 月第 1 版
印次：2020 年 10 月第 2 次
书号：ISBN 978-7-5210-0347-5
定价：198.00 元